工程制图与 CAD

主　编　袁晔
副主编　许绍德　张维佳　高　娜

天津大学出版社
TIANJIN UNIVERSITY PRESS

简　介

　　本书根据高等职业院校为社会培养应用型人才的要求,对传统的教学内容进行了优化整合,参照高等学校非机类专业制图基础课程教学的基本要求,结合电子类专业人才培养方案编写而成。

　　本书共分为四个项目,包括制图基本知识和技能、投影基础、立体及其表面交线、组合体、轴测投影、机件常用表达方法、标准件和常用件、零件图、装配图、电气工程图基础、计算机绘图软件(AutoCAD 2010)应用等方面的内容。

　　本书可作为高等职业院校电子、移动通信、计算机等非机类专业的课程教材,也可作为相关专业技术人员培训和自学用书。

图书在版编目(CIP)数据

　　工程制图与 CAD/袁晔主编. —天津:天津大学出版社,
2013.1
　　ISBN 978 - 7 - 5618 - 4614 - 8

　　Ⅰ.①工… Ⅱ.①袁… Ⅲ.①工程制图—AutoCAD
软件—高等职业教育—教材 Ⅳ.① TB237

　　中国版本图书馆 CIP 数据核字(2013)第 027679 号

出版发行	天津大学出版社
出　版　人	杨欢
地　　　址	天津市卫津路 92 号天津大学内(邮编:300072)
电　　　话	发行部:022 - 27403647
网　　　址	publish. tju. edu. cn
印　　　刷	廊坊市长虹印刷有限公司
经　　　销	全国各地新华书店
开　　　本	185mm×260mm
印　　　张	15.75
字　　　数	393 千
版　　　次	2013 年 3 月第 1 版
印　　　次	2013 年 3 月第 1 次
定　　　价	30.00 元

前　言

本书根据高等职业院校为社会培养应用型人才的要求,对传统的教学内容进行了优化整合,参照高等学校非机类专业制图基础课程教学的基本要求,结合电子类专业人才培养方案编写而成。本书在编写过程中力求反映高等职业技术教育的特点:突出以理论知识够用为度,加强应用性,注重把工程制图的基础理论知识与计算机绘图、电子类专业用图有机结合起来;突出培养看图、识图能力,避免重复教学;弱化徒手绘图,强化计算机绘图能力的培养,增加电子类专业用图实例,使电子类专业学生学完本课程后,能掌握工程制图的必备知识,能看懂工程图样和利用计算机绘图软件绘制工程图样。

本书在编写过程中力求突出以下特点。

(1)根据非机类工程制图课程教学基本要求"少而精"的原则确定编写内容,以"够用为度"处理投影理论和工程图样的关系,精简传统的手工画图和画法几何内容,突出读图分析方法,培养读图能力。

(2)以最新的计算机绘图软件 AutoCAD 2010 为教学软件,使学生初步学会利用最新版本的绘图软件进行绘图,掌握其特点、使用方法和技巧。强化计算机绘图能力的培养,将计算机绘图的内容贯穿于每一任务中,使学生学完每章内容后,就开始学习和掌握利用计算机绘图软件进行绘图。

(3)加强电子类专业制图的学习和掌握,增加了常用电子元器件的外形图和电气图的内容,以适应电子、通信、计算机等专业的需要。

(4)采用项目任务式编写方法,每一项目均明确提出知识要求和技能要求,每一项目后有复习题,并提供综合绘图练习题。

(5)采用最新的技术制图标准,选用最新国家标准 GB/T 193—2003 作为参考内容。

本书由天津开发区职业技术学院的袁晔老师任主编,许绍德、张维佳、高娜老师任副主编。其中袁晔、高娜负责计算机绘图部分,许绍德负责工程制图部分,张维佳负责电气工程图部分。全书由袁晔统稿,李铁军审定。

由于作者水平有限,书中疏漏之处在所难免,恳请广大读者批评、指正。

编　者

目　　录

项目一　计算机绘图基础

【学习目标】

1. 知识要求

1）了解 AutoCAD 软件的作用。

2）认识 AutoCAD 2010 的特点。

3）掌握 AutoCAD 2010 的工作界面,理解绘图区、命令行、状态栏的用途及使用方法和操作方法。

2. 技能要求

1）熟练掌握 AutoCAD 2010 的启动和退出。

2）能够进行绘图环境常用参数的设置。

3）掌握图层颜色、线型、线宽的设置。

4）利用 AutoCAD 2010 的绘图命令进行简单二维图形的绘制。

5）利用 AutoCAD 2010 的移动、复制、旋转、镜像的编辑命令进行复杂图形的绘制。

任务 1.1　AutoCAD 2010 基本操作

1.1.1　AutoCAD 概述

1. AutoCAD 简介

AutoCAD 的全称是 Automatic Computer Aided Design,已被广泛应用于工程设计领域。

AutoCAD 最初主要用于绘制二维图形,逐步发展到处理三维图形。与传统的手工绘图相比,用 AutoCAD 绘图速度更快、精度更高,而且更个性化。我国自 20 世纪 80 年代中期引进该软件以来,已经在航空航天、造船、建筑、机械、电子、化工、美术、轻纺等很多领域得到了广泛应用,并取得了丰硕的成果和巨大的经济效益。

AutoCAD 具有良好的用户界面,通过交互菜单、工具栏或命令行方式便可以进行各种操作。它的多文档设计环境,让非计算机专业人员也能很快地掌握。在不断实践的过程中可以全面地掌握它的各种应用和开发技巧,从而不断提高工作效率。

AutoCAD 具有广泛的适应性,它可以在各种操作系统支持的微型计算机和工作站上运行,并支持分辨率范围为 320×200 至 $2\,048 \times 1\,024$ 的各种图形显示设备 40 多种以及数字仪和鼠标器 30 多种,这就为 AutoCAD 的普及创造了条件。

AutoCAD 自 1982 年推出以来,从初期的 1.0 版本,经多次更新和性能完善,现已发展到AutoCAD 2010,不仅在机械、电子和建筑设计领域得到了广泛应用,而且在地理、气象、航海等领域也得到了多方面的应用,目前已成为微机 CAD 系统中应用最为广泛的图形软件之一。

2. AutoCAD 2010 的特点

与其他版本相比,AutoCAD 2010 中的二维和三维制图功能都得到了强化和改进,提高了制图的易用性。具体而言,新增功能有以下 3 个方面。

参数化绘图:可以对绘制的对象进行几何约束和尺寸约束,几何约束有水平、竖直、平行、垂直、相切、圆滑、同点、同线、同心、对称等方式的约束;尺寸约束最大的特点就是可以尺寸驱动,也可以锁定对象。

动态图块:几何约束和尺寸约束可以添加到动态图块中,动态块编辑器中还增强了动态参数管理和块属性表格。

三维功能:变化比较大,增强了网格对象功能,其他的三维对象可以转化为网格对象,而且网格可以通过直接创建来生成。网格的优点就是形状可由用户随心所欲地改变,如圆滑边角、凹陷处理、形状拖变、表面细部分割等。

1.1.2　AutoCAD 2010 的启动和退出

AutoCAD 与其他应用程序一样,为用户提供了多种启动与退出软件的快捷方式,通过这些快捷方式可以非常方便地使用它进行绘图工作。在不需要时,将它关闭,可减少计算机内存的使用量,以方便其他应用程序工作。绘制图形后,可以使用多种方法输出。可以将图形打印在图纸上,也可以创建成文件以供其他应用程序使用。下面来介绍不同启动和退出 AutoCAD 2010 的方法和技巧以及打印相关介绍。

1. AutoCAD 2010 的启动

计算机上安装 AutoCAD 2010 软件后,系统会自动在计算机的桌面上创建一个"启动"快捷方式图标,双击该图标,即可启动 AutoCAD。

通过开始菜单启动 AutoCAD 2010,具体路径是:"开始"→"所有程序"→"Autodesk"→"AutoCAD 2010"。

2. AutoCAD 2010 的退出

当 AutoCAD 2010 启动后,可以通过"文件"→"退出"命令退出,或直接单击程序右上角的"关闭"图标,或按快捷键【Alt】+【F4】。

命令行:QUIT 或 EXIT。

3. AutoCAD 2010 的打印

命令行:PLOT。

菜单栏:"文件"→"打印",弹出打印对话框。

1.1.3　窗口的基本操作

AutoCAD 2010 的窗口空间有二维草图与注释、AutoCAD 经典、三维建模等工作空间,此外,用户还可以根据个人习惯和爱好自定义工作空间。设定完成的工作空间可以保存重复使用。

一个完整的 AutoCAD 经典操作界面如图 1.1-1 所示,包括标题栏、菜单栏、工具栏、快速访问工具栏、交互信息工具栏、功能区、绘图区、十字光标、坐标系图标、命令行窗口、状态栏、布局标签、滚动条和状态托盘等。

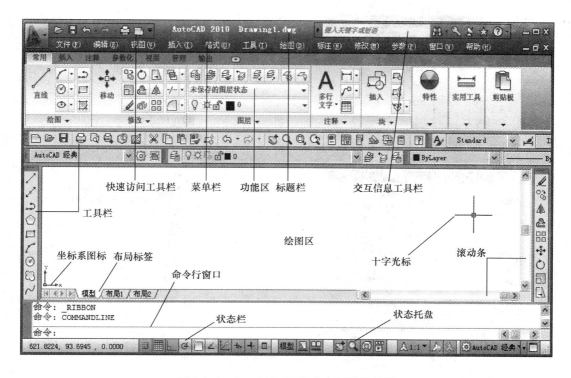

图 1.1-1 AutoCAD 2010 中文版操作界面

1. 标题栏

标题栏位于整个 AutoCAD 2010 经典窗口空间的最上方,用以显示当前正在操作的图形文件名称。可单击标题栏右侧的 ━▢✕ 按钮实现 AutoCAD 2010 的最小化、最大化以及关闭。

2. 菜单栏

在 AutoCAD 标题栏的下方是菜单栏,同其他 Windows 程序一样,AutoCAD 的菜单也是下拉形式的,并在菜单中包含子菜单。AutoCAD 的菜单栏中包含"文件"、"编辑"、"视图"、"插入"、"格式"、"工具"、"绘图"、"标注"、"修改"、"参数"、"窗口"和"帮助"共 12 个菜单,这些菜单几乎包含了 AutoCAD 的所有绘图命令。一般来讲,AutoCAD 下拉菜单的命令有以下 3 种。

(1)带有子菜单的菜单命令。这种类型的菜单命令后面带有小三角形。例如,选择菜单栏中的"绘图"命令,指向其下拉菜单中的"圆弧"命令,系统就会进一步显示出"圆弧"子菜单中所包含的命令,如图 1.1-2 所示。

(2)打开对话框的菜单命令。这种类型的菜单命令后面带有省略号。例如,选择菜单栏中的"格式"→"标注样式"命令,如图 1.1-3 所示,系统就会打开"标注样式"对话框,如图 1.1-4 所示。

(3)直接执行操作的菜单命令。这种类型的菜单命令后面既不带小三角形,也不带省略号,选择该命令将直接进行相应的操作。例如,选择菜单栏中的"视图"→"重画"命令,系统将刷新显示所有视口。

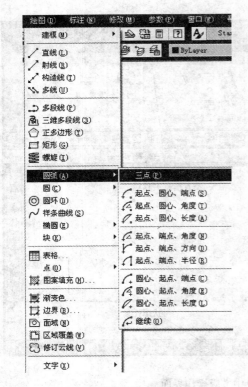

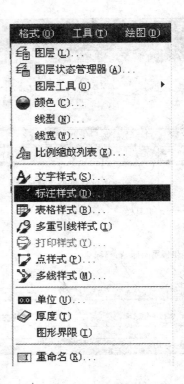

图 1.1-2 带有子菜单的菜单命令   图 1.1-3 打开对话框的菜单命令

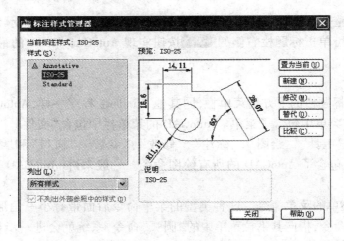

图 1.1-4 "标注样式"对话框

3. 工具栏

工具栏是 AutoCAD 提供的另一种调用命令的方式,大部分命令都可以在工具栏中调用,它具有直观便捷的特点。在 AutoCAD 默认的经典模式下,可以看到操作界面顶部的"标准"工具栏、"样式"工具栏、"特性"工具栏以及"图层"工具栏(如图 1.1-5 所示)和位于绘图区左侧的"绘图"工具栏、右侧的"修改"工具栏和"绘图次序"工具栏(如图 1.1-6)所示。

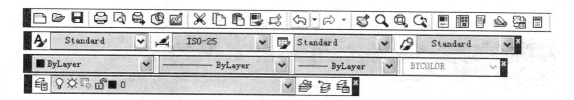

图 1.1-5　默认情况下显示的工具栏

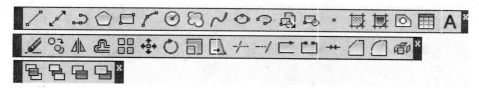

图 1.1-6　"绘图"、"修改"和"绘图次序"工具栏

（1）设置工具栏。AutoCAD 2010 提供了 46 种工具栏,将光标放在操作界面上方的工具栏区空白处右击,系统会自动打开单独的工具栏标签,如图 1.1-7 所示。单击某一个未在界面显示的工具栏名,系统自动在界面打开该工具栏;反之,则关闭工具栏。

（2）工具栏的"固定"、"浮动"与"打开"。工具栏可以在绘图区"浮动"显示(如图 1.1-8 所示),并可关闭该工具栏,可以拖动"浮动"工具栏到绘图区边界,使它变为"固定"工具栏;也可以把"固定"工具栏拖出,使它成为"浮动"工具栏。

有些工具栏按钮的右下角带有一个小三角,单击会打开相应的工具栏,将光标移动到某一按钮上并单击,该按钮就变为当前显示的按钮。单击当前显示的按钮,即可执行相应的命令(如图 1.1-9 所示)。

4. 状态栏

AutoCAD 2010 经典工作空间中的状态栏如图 1.1-10 所示。

状态栏在操作界面的底部,左端显示绘图区中光标定位点的坐标 X,Y,Z 值,右端依次有"捕捉模式"、"栅格显示"、"正交模式"、"极轴追踪"、"对象捕捉"、"对象捕捉追踪"、"允许、禁止动态 UCS"、"动态输入"、"显示/隐藏线宽"和"快捷特征"10 个功能开关按钮。

单击这些开关按钮,可以实现这些功能的开关设置。

5. 绘图区

绘图区是指在标题栏下方的大片空白区域,绘图区是用户使用 AutoCAD 绘制图形的区域,用户要完成一幅设计图形,其主要工作都是在绘图区中完成。

在绘图区中有一个十字线,其交点坐标反映了光标在当前坐标系中的位置。在 AutoCAD 中,将该十字线称为光标。AutoCAD 通过光标坐标值显示当前点的位置。十字线的方向与当前用户坐标系的 X、Y 轴方向平行。

图 1.1-7　单独的工具栏标签

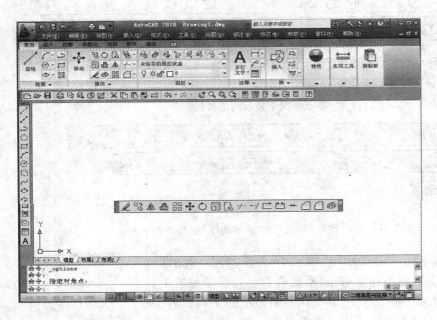 

图 1.1-8 浮动工具栏   图 1.1-9 打开工具栏

图 1.1-10 AutoCAD 2010 状态栏

（1）修改绘图区十字光标的大小。光标的长度，用户可以根据绘图的实际需要修改其大小，修改光标大小的方法如下。

选择菜单栏中的"工具"→"选项"命令，打开选项对话框。单击"显示"选项卡，在"十字光标大小"文本框中直接输入数值，或拖动文本框后面的滑块，都可以对十字光标的大小进行调整，如图 1.1-11 所示。

此外，还可以通过设置系统变量 CURSORSIZE 的值，修改其大小，其方法是在命令行中输入如下命令。

命令：CURSORSIZE

输入 CURSORSIZE 的新值 <5 >：

在提示下输入新值即可修改光标大小。

（2）修改绘图区的颜色。在默认情况下，AutoCAD 的绘图区是白色背景、黑色线条，用户也可以根据自己的习惯修改绘图区的颜色。修改绘图区颜色的方法如下。

①选择菜单栏中的"工具"→"选项"命令，打开"选项"对话框，单击如图 1.1-11 所示的"显示"选项卡，再单击"窗口元素"选项组中的"颜色"按钮，打开如图 1.1-12 所示的"图形窗口颜色"对话框。

②在"颜色"下拉列表框中，选择需要的窗口颜色，然后单击"应用并关闭"按钮，此时 AutoCAD 的绘图区就变换了背景色，通常按视觉习惯选择"白色"为窗口颜色。

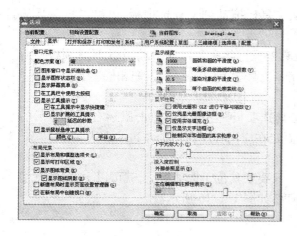

图 1.1-11 "显示"选项卡

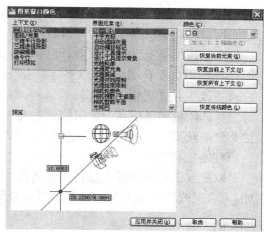

图 1.1-12 "图形窗口颜色"对话框

6. 命令行窗口

AutoCAD 2010 中有"AutoCAD 经典"、"二维草图与注释"和"三维建模"三种工作空间模式,其中 AutoCAD 经典空间与老版本的风格相似。在经典工作空间中,命令行位于状态栏上方、绘图区域下方,主要用来显示作图命令和系统提示信息。AutoCAD 2010 的操作是一种交互式操作,输入的任何命令以及系统的大部分响应和提示都将在命令窗口中显示(有些命令的响应是通过对话框来完成的),如图 1.1-13 所示。若需要选择 AutoCAD 2010 其他工作空间,可以单击菜单栏中"工具"→"工作空间"对应的菜单命令。

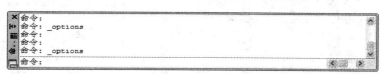

图 1.1-13 AutoCAD 2010 命令行窗口

AutoCAD 2010 的命令行窗口可以通过拖拽操作来调整窗口大小,同时可以右击命令行窗口来查看最近操作所用的命令和历史记录,另外也可以按【F2】键将命令窗口切换到文本窗口,以便查询以前的操作命令。

7. 工具选项板

工具选项板主要用于快速创建常见的对象。默认情况下,系统提供了"建模"、"约束"、"注释"、"建筑"、"机械"、"电力"、"土木工程"和"结构"8 个工具面板,如图 1.1-14 所示。用户还可以根据自己的需要定义自己的工具面板。

1)显示"工具选项板"窗口

显示"工具选项板"窗口,可执行以下操作之一:

(1)依次单击"视图"选项卡→"选项板"面板→"工具选项板";

(2)按【Ctrl + 3】组合键;

(3)命令项:TOOLPALETTES。

2)创建和使用命令工具

可以在工具选项板上创建执行单个命令或命令字符串,可以将常用命令添加到工具选项板。打开"自定义"对话框后,可以将工具从工具栏拖动到工具选项板,也可以将工具从自定义用户界面编辑器拖动到工具选项板。

将命令添加至工具选项板后,可以单击工具来执行此命令。例如,单击工具选项板上的"保存"按钮可以保存图形,其效果与单击"标准"工具栏上的"保存"按钮相同。

3)更改工具选项板设置

工具选项板的选项和设置可以通过在"工具选项板"空白区域单击鼠标右键时显示的快捷菜单中获得。可以将"工具选项板"窗口固定在应用程序窗口的左边或右边。

4)控制工具特性

可以更改工具选项板上任何工具的特性。只要工具位于选项板上,就可以更改其特性。例如,可以更改块的插入比例或填充图案的角度,如图 1.1-15 所示。

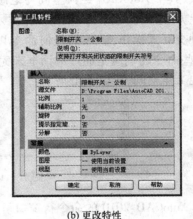

(a) 工具选项板　　　　　　　　(b) 更改特性

图 1.1-14　工具选项板　　　　　　　图 1.1-15　"工具特性"对话框

要更改工具特性,可以在某个工具上单击鼠标右键,然后单击快捷菜单中的"特性"以显示"工具特性"对话框。"工具特性"对话框中包含以下两类特性。

"插入"特性:控制与对象有关的特性,例如比例、旋转和角度。

"常规"特性:替代当前图形特性设置,例如图层、颜色和线型。

可以通过单击箭头按钮来展开或收拢特性类别。

5)自定义工具选项板

使用"工具选项板"窗口中标题栏上的"特性"按钮可以创建新的工具选项板。可以使用以下多种方法在工具选项板中添加工具。

(1)将以下任意一项拖动到工具选项板:几何对象(例如直线、圆和多段线)、标注、图案填充、渐变填充、块、外部参照或光栅图像。

（2）将图形、块和图案填充从设计中心拖至工具选项板。将已添加到工具选项板中的图形拖到另一个图形中时，图形将作为块插入。

（3）使用"自定义"对话框将命令拖至工具选项板，正如将此命令添加至工具栏一样。

（4）使用"自定义用户界面（CUI）编辑器"将命令从"命令列表"窗格拖动至工具选项板。

（5）使用"剪切"、"复制"和"粘贴"可以将一个工具选项板中的工具移动或复制到另一个工具选项板中。

（6）在设计中心树状图中的文件夹、图形文件或块上单击鼠标右键，在弹出的快捷菜单中单击"创建工具选项板"，创建包含预定义内容的"工具选项板"选项卡，如图 1.1-16 所示。

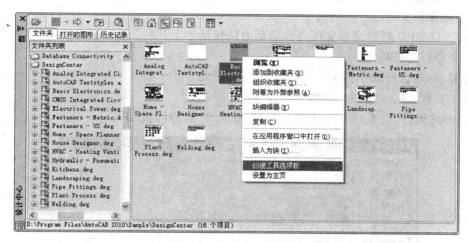

图 1.1-16　从设计中心创建工具选项板

6）删除工具选项板

在要删除的工具选项板上单击鼠标右键，选择"删除"命令。

注意：置为当前的工具选项板是不可以被删除的。

1.1.4　图形文件的基本操作

由于 AutoCAD 2010 整体界面保持了 Windows 的风格，因此 AutoCAD 2010 的文件操作与 Windows 大致相同，包括新建图形文件、打开图形文件、保存图形文件、输入和输出图形文件以及关闭图形文件。

AutoCAD 软件经过了长期的发展，其衍生出来的文件格式繁多，所以用户在进行 AutoCAD 2010 文件操作时，需要对 AutoCAD 2010 支持的文件格式进行学习。

1. AutoCAD 2010 的文件格式

AutoCAD 2010 的文件格式主要包括 AutoCAD 2010 图形（ * . dwg）、AutoCAD 2007/LT2007 图形（ * . dwg）、AutoCAD 2004/LT2004 图形（ * . dwg）、AutoCAD 2000/LT2000 图形（ * . dwg）、AutoCAD R14/LT98/LT97 图形（ * . dwg）、AutoCAD 图形标准（ * . dws）、AutoCAD 图形样板（ * . dwt）、AutoCAD 2010 DXF（ * . dxf）、AutoCAD 2007/LT2007 DXF（ * . dxf）、AutoCAD 2004/LT2004 DXF（ * . dxf）、AutoCAD 2000/LT2000 DXF（ * . dxf）、

AutoCAD R12/LT2 DXF(∗.dxf)等文件格式。

（1）dwg 文件为 AutoCAD 图形文件，是 AutoCAD 保存矢量图形的标准文件格式，设计人员可以直接编辑修改。

（2）dws 文件为 AutoCAD 图形标准文件，此种格式文件主要存放一些用户定义好的绘图标准，只有在使用标准校正功能时才用得上。

（3）dwt 文件为 AutoCAD 图形样板文件，是存放用户习惯设置和定义的文件，便于下次绘图，减少重复性工作。

（4）dxf 文件为 AutoCAD 图形内部交换格式文件，是一种大多数 CAD 应用程序都可以接受的 CAD 图形文本格式，可选择 2007、2004、2002 和 2012 版本的 dxf 格式文件，输出整个图形，dxf 文件由 5 个信息段构成：标题段、表段、块段、实体段和结束段。

2. 新建图形文件

AutoCAD 2010 新建图形文件命令启动方法包括如下几种。

（1）命令行：NEW。

（2）菜单栏：选择菜单栏中的"文件"→"新建"命令。

（3）工具栏：单击"标准"工具栏中的"新建"按钮□。

执行上述操作后，系统打开如图 1.1-17 所示的"选择样板"对话框。

图 1.1-17　"选择样板"对话框

另外还有一种快速创建图形的功能，该功能是创建新图形最快捷的方法。

命令行：QNEW。

执行上述命令后，系统立即从所选的图形样板中创建新图形，而不显示任何对话框或提示。

在运行快速创建图形功能之前必须进行如下设置。

（1）在命令行输入"FILEDIA"，按【Enter】键，设置系统变量为"1"；在命令行输入"ST-ARTUP"，设置系统变量为"0"。

（2）选择菜单栏中的"工具"→"选项"命令，在"选项"对话框中选择默认图形样板文件。其具体方法：在"文件"选项卡中，单击"样板设置"前面的"＋"，在展开的选项列表中选择"快速新建的默认样板文件名"选项，如图 1.1-18 所示。单击"浏览"按钮，打开"选择文件"对话框,然后选择需要的样板文件即可。

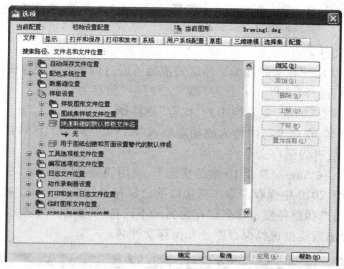

图 1.1-18　"文件"选项卡

3. 打开图形文件

AutoCAD 2010 用户可以通过以下方式打开已经存在的图形文件并进行绘制和编辑工作。

(1)下拉菜单:选择"文件"→"打开"命令。

(2)工具栏:在"标准"工具栏单击"打开"图标🖿。

(3)输入命令名:在命令行中输入或动态输入 OPEN,并按回车键。

(4)快捷方式:在 AutoCAD 2010 处于激活状态下,使用快捷键【Ctrl】+【O】。

启动打开命令后,将弹出"选择文件"对话框,如图 1.1-19 所示。

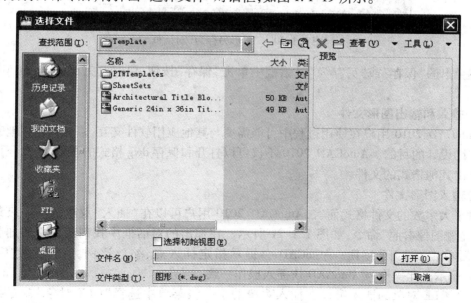

图 1.1-19　"选择文件"对话框

在"选择文件"对话框中,上端部分为默认文件路径或上一次的工作路径,列表显示为工作目录下的 AutoCAD 文件,单击列表中的任一 AutoCAD 文件,可在右侧预览窗口中预览 AutoCAD 内容。

4. 保存图形文件

AutoCAD 2010 用户在绘制和编辑图形完成后可通过以下方式保存图形文件。

(1)下拉菜单:选择"文件"→"保存"或"文件"→"另存为"命令。

(2)工具栏:单击"标准"工具栏中的"保存"图标■。

(3)输入命令名:在命令行中输入或动态输入"SAVE AS"或"QSAVE",并按回车键,前者为另存为命令,后者为保存命令。

(4)快捷方式:在 AutoCAD 2010 激活状态下,使用快捷键【Ctrl】+【S】。

执行 AutoCAD 2010 中保存命令将覆盖以前已保存过的图形文件。执行"另存为"命令将会弹出对话框可选择路径或重命名保存为另一不同备份,如图 1.1-20 所示。首次执行保存操作时,也会弹出对话框选择保存路径和保存文件名。

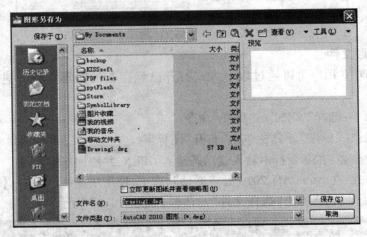

图 1.1-20　"图形另存为"对话框

在弹出的"保存"或"另存为"对话框中单击"保存"按钮,保存已完成的 AutoCAD 图形文件。

5. 输入和输出图形文件

AutoCAD 2010 用户在使用过程中可能需要与其他应用软件交互,以达到更好地完成计算机辅助设计的目的。AutoCAD 2010 不仅可以打开和保存 dwg 格式的图形文件,还可以导入或导出其他格式的文件。

1)输入图形文件

对于大多数的文件格式而言,AutoCAD 2010 用户可以在"插入"菜单的下一级菜单中选择"光栅图像参照"命令,如图 1.1-21 所示。在弹出的对话框中找到用户需要加载的文件,然后单击"打开"按钮。AutoCAD 会提示指定插入点、缩放比例、旋转角度等,如图 1.1-22 所示。此操作与 AutoCAD 块插入操作一致。

对于 OLE 对象的插入可以在插入菜单的下一级菜单中选择"OLE 对象"命令会弹出"Insert Object(插入对象)"对话框,如图 1.1-23 所示。可在对象类型中选定所要插入的对

图 1.1-21　"插入"菜单

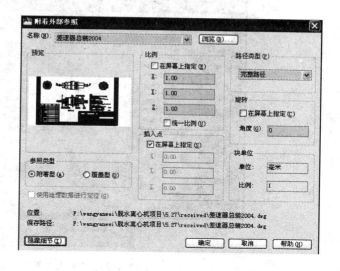

图 1.1-22　图像插入属性

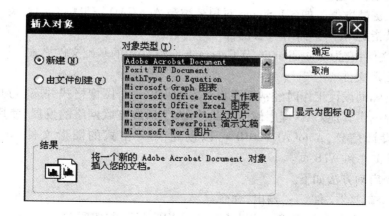

图 1.1-23　"插入对象"对话框

象类型,单击"OK"按钮,在弹出的打开文件对话框中选中用户需要打开的文件插入到 AutoCAD中。

dxf 文件是一种标准的图形文件交换格式文件,其他 CAD 系统可以读取文件中的图形信息。在 AutoCAD 中可以保存为 dxf 文件,也可以打开 dxf 文件。

AutoCAD 2010 用户也可以选择"文件"→"输入"命令进行文件输入,也可以在命令行中输入"Import"命令,打开"输入文件"对话框,如图 1.1-24 所示。图中文件下拉列表显示的文件类型说明如下。

(1)wmf 文件:Windows 图元格式文件,常用于生成图形所需的剪贴画和其他非技术性图像。

(2)ACIS 文件:实体模型文件格式,保存为 . sat 文件,是文本(ascII)格式。

(3)3D Studio 文件:3D Studio 创建的 3ds 文件,AutoCAD 2010 可以读取 3D Studio 几

图 1.1-24　"输入文件"对话框

何图形和渲染数据,包括网格、材质、贴图、光源和相机,但不能输入 3D Studio 过程化材质、平滑编组或关键帧数据。如 3D Studio 对象名称与 AutoCAD 图形中名称冲突,则 3D Studio 对象名称将被指定一个序号以解决冲突。

(4)dgn 文件:它为 MicroStation 及 Geographics 软件包的基础文件格式。

2)输出图形文件

在计算机辅助设计工作时经常需要将对象输出成一个图像格式并应用到其他软件中,或者输出一幅图供其他 CAD 程序使用。此外,为了适应互联网络的发展,使用户可以快速有效地共享设计信息,AutoCAD 2010 可以创建 Web 格式的图形文件(dwf)以及发布 AutoCAD图形文件到 Web 页。

输出命令启动方法如下。

下拉菜单:选择"文件"→"输出"命令。

输入命令名:在命令行中输入或动态输入"EXPORT",并按回车键。

启动输出命令后,即可打开"输出数据"对话框,如图 1.1-25 所示。在文件格式下拉列表中可以显示 AutoCAD 2010 支持的输出文件格式。

用户可以在"文件格式"下拉列表中选择想要保存的文件类型,单击"保存"按钮完成图形输出工作。

用户也可以通过选择"文件"→"另存为"命令,在"文件类型"下拉列表框中选择 dxf 格式,可以存储从 R12、2000 到 2007 的 dxf 格式文件。dxf 格式文件是一个包含了二维所有绘图信息的文本文件。由于大多数 CAD 程序都接受 dxf 文件格式,所以能够将 dxf 文件输出给某个正在使用其他 CAD 程序的设计者,并输入到其 CAD 程序中。

AutoCAD 2010 也提供了将图形文件发布到 Internet 上的方法,即将图形保存为 dwf(Web 格式的图形)文件。放置在 Web 网站上的 dwf 文件,其他人可以浏览,并可以对其缩放、平移和打印图形,还可以在图形中添加超链接。

发布命令启动方法如下。

图 1.1-25 "输出数据"对话框

（1）下拉菜单：选择"文件"→"发布"命令。

（2）输入命令名：在命令行中输入或动态输入"PUBLISH"，并按回车键。

发布命令启动后会弹出"发布"对话框，如图 1.1-26 所示。用户可以单击"发布选项"按钮弹出"发布选项"对话框对发布图形进行设置，如图 1.1-27 所示。发布选项主要是对 dwf 文件的位置、文件名、文件类型（单页或多页）、包含图层信息进行设置。

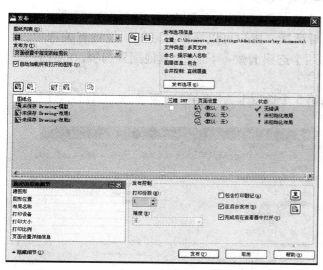

图 1.1-26 "发布"对话框

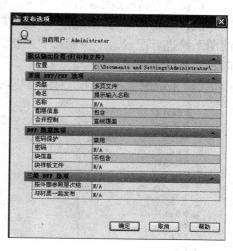

图 1.1-27 "发布选项"对话框

在"发布"对话框中，用户可以单击"添加图纸"按钮🖼️向图形集中添加新的图形或布局，也可以直接从 Windows 资源管理器中拖拉图形，可以使用【Shift】键大量添加图形，也可以单击"加载图纸列表"按钮🖼️达到添加新图形和布局的目的。在图形集中可以通过"上移图纸"按钮🖼️和"下移图纸"按钮🖼️来对图纸进行排序。用户可单击"保存图纸列表"按钮来保存图纸列表,并可以通过单击"预览"按钮来预览图纸集。

完成列表后可以选择输出类型:"DWF 文件"选项用于创建用于查看的 DWF 文件;选择"页面设置中指定的绘图仪"选项可打印列表中所有的布局。

当创建完图形集列表和确定输出后,单击"发布"按钮,完成图形文件发布工作。

3)关闭图形文件

AutoCAD 关闭图形文件有以下几种方法。

命令行:QUIT 或 EXIT。

菜单栏:选择菜单栏中的"文件"→"退出"命令。

按钮:单击 AutoCAD 操作界面右上角的"关闭"按钮。

执行上述操作后,若用户对图形所做的修改尚未保存,则会打开如图 1.1-28 所示的系统警告对话框。单击"是"按钮,系统将保存文件,然后退出;单击"否"按钮,系统将不保存文件。若用户对图形所做的修改已经保存,则直接退出。

图 1.1-28　系统警告对话框

1.1.5　绘图环境的设置

1. 设置参数选项

AutoCAD 可以通过以下几种方法设置参数选项。

命令行:PREFERENCES。

菜单栏:选择菜单栏中的"工具"→"选项"命令。

快捷菜单:在绘图区右击,系统打开快捷菜单,如图 1.1-29 所示,选择"选项"命令。

执行上述命令后,系统打开"选项"对话框。用户可以在该对话框中设置有关选项,对绘图系统进行配置。下面就其中主要的两个选项卡做一下说明,其他配置选项,在后面用到时再做具体说明。

(1)系统配置。"选项"对话框中的第 5 个选项卡为"系统"选项卡,如图 1.1-30 所示。

图 1.1-29　快捷菜单

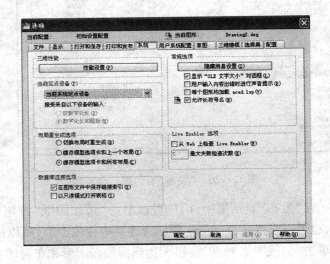

图 1.1-30　"系统"选项卡

该选项卡用来设置 AutoCAD 系统的相关特性,其中"常规选项"选项组确定是否选择系统配置的有关基本选项。

（2）显示配置。"选项"对话框中的第 2 个选项卡为"显示"选项卡,该选项卡用于控制 AutoCAD 系统的外观,如图 1.1-31 所示。该选项卡设定滚动条显示与否、界面菜单显示与否、绘图区颜色、光标大小、AutoCAD 的版面布局设置、各实体的显示精度等。

2. 设置图形单位

AutoCAD 2010 可以通过以下方式设置图形单位。

命令行:DDUNITS（或 UNITS,或快捷命令:UN）。

菜单栏:选择菜单栏中的"格式"→"单位"命令。

执行上述操作后,系统打开"图形单位"对话框,如图 1.1-32 所示,该对话框用于定义单位和角度格式。

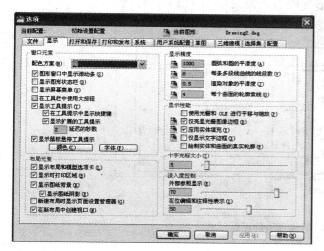

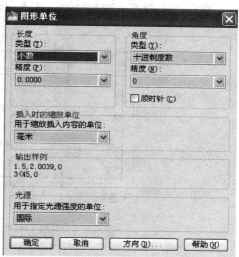

图 1.1-31　"显示"选项卡　　　　　图 1.1-32　"图形单位"对话框

下面对各项选项进行说明。

（1）"长度"与"角度"选项组:指定测量的长度与角度的当前单位及精度。

（2）"插入时的缩放单位"选项组:控制插入到当前图形中的块和图形的测量单位。如果块或图形创建时使用的单位与该选项指定的单位不同,则在插入这些块或图形时,将对其按比例进行缩放。插入比例是原块或图形使用的单位与目标图形使用的单位之比。如果插入块时不按指定单位缩放,则在其下拉列表框中选择"无单位"选项。

（3）"输出样例"选项组:显示用当前单位和角度设置的例子。

（4）"光源"选项组:控制当前图形中光度控制光源的强度测量单位。为创建和使用光度控制光源,必须从下拉列表框中指定非"常规"的单位。如果"插入比例"设置为"无单位",则将显示警告信息,通知用户渲染输出可能不正确。

（5）"方向"按钮:单击该按钮,系统打开"方向控制"对话框,如图 1.1-33 所示,可进行方向控制设置。

3. 设置绘图界限

AutoCAD 2010 可以通过以下方法设置绘图界限。

命令行:LIMITS。

菜单栏:选择菜单栏中的"格式"→"图形界限"命令。

用户可以通过图纸幅面和图框格式来设定绘图界限(如图 1.1-34 至图 1.1-36 所示),如设置 A4 图幅大小的绘图界限。

指定左下角点或[开(ON)/关(OFF)]<0.0000,0.0000>:输入图形界限左下角的坐标,按【Enter】键。

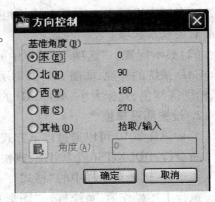

图 1.1-33　"方向控制"对话框

指定右上角点<297,210>:输入图形界限右上角的坐标,按【Enter】键。

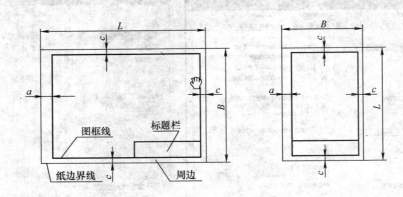

图 1.1-34　留装订边的图框格式

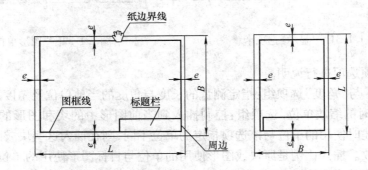

图 1.1-35　不留装订边的图框格式

选项说明如下。

(1)开(ON):使图形界限有效,系统在图形界限以外拾取的点将视为无效。

(2)关(OFF):使图形界限无效,用户可以在图形界限以外拾取点或实体。

(3)动态输入角点坐标:可以直接在绘图区的动态文本框中输入角点坐标,输入了横坐标值后,按","键(注意使用英文标点),接着输入纵坐标值,如图 1.1-37 所示;也可以按光标位置直接单击,确定角点位置。

幅面尺寸 ＼ 幅面代号	A0	A1	A2	A3	A4
$B \times L$	841×1189	594×841	420×594	297×420	210×297
c	10			5	
a	25				

图 1.1-36　图纸幅面

图 1.1-37　动态输入

1.1.6　AutoCAD 2010 坐标输入与图层管理

用户在进行绘图时经常需要指定点的位置,用户可以通过键盘直接输入点的坐标,也可以使用绝对坐标和相对坐标的方式确定点的位置。

1. 坐标的基本输入方式

1) 移动鼠标选点

移动鼠标选点,单击左键确定。当移动鼠标时,十字光标和坐标值随之变化,状态行左边的坐标显示区将显示当前光标所在位置,如图 1.1-38 所示。

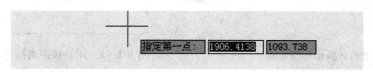

图 1.1-38　坐标显示

2) 输入坐标值方式

输入坐标值的方式有以下五种。

(1) 输入点的绝对直角坐标。在命令提示行中输入点的绝对直角坐标(指相对于当前坐标系原点的直角坐标)"X,Y",从原点 X 向右为正,Y 向上为正,反之为负,输入后按【Enter】键确定。

(2) 输入点的相对直角坐标。在命令提示行中输入点的相对直角坐标(指相对于前一点的直角坐标)"@X,Y",相对于前一点 X 向右为正,Y 向上为正,反之为负,输入后按【Enter】键确定,如图 1.1-39 所示,命令行提示:

命令:_line 指定第一点:　(任意指定一点)

指定下一点或[放弃(U)]:@44,35　(输入后一点相对于前一点的相对坐标"@44,35")

指定下一点或[放弃(U)]：（按【Enter】键确认）

（3）输入点的绝对极坐标。在命令提示行中输入点的绝对极坐标"L < A"，L 表示该点相对于极轴坐标原点的距离，A 表示该点与极轴坐标原点的连线相对于极轴正方向的夹角，输入后按【Enter】键确定。

（4）输入点的相对极坐标。相对极坐标也是相对于前一点的坐标，用后二点到前一点的距离和该距离与 X 轴的夹角来确定点的位置。相对极坐标输入方法为"@ L < A"，L 表示相对于前一点的距离，A 表示两点连线相

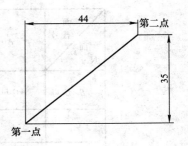

图 1.1-39　用相对直角坐标指定点

对于极轴正方向的夹角，输入后按【Enter】键确定。距离与角度之间以" < "隔开。在 Auto-CAD 中默认设置的角度正方向为逆时针方向，水平向右为 0°。设置如图 1.1-40 所示，输入命令后，命令行提示：

命令：_line 指定第一点：（任意指定一点）

指定下一点或[放弃(U)]：@ 57 < 39　（输入后一点相对于前一点的相对极坐标"@ 57 < 39"）

指定下一点或[放弃(U)]：（按【Enter】键确认）

（5）直接距离指定点。直接距离方式是用鼠标导向，从键盘直接输入相对前一点的距离值，按【Enter】键确定。其设置如图 1.1-41 所示，命令行提示：

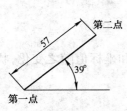

图 1.1-40　用相对极坐标指定点　　　　图 1.1-41　用直接距离指定点

命令：_line 指定第一点：（任意指定一点 A）

指定下一点或[放弃(U)]：100（鼠标沿水平方向 B）

指定下一点或[放弃(U)]：60（鼠标沿垂直方向 C）

指定下一点或[闭合(C)/放弃(U)]：100（鼠标沿水平方向 D）

指定下一点或[闭合(C)/放弃(U)]：60（鼠标沿水平方向 A）

指定下一点或[闭合(C)/放弃(U)]：（按【Enter】键确认）

2. 图层

AutoCAD 中的图层相当于透明纸，它是 AutoCAD 提供的一种管理图形对象的工具，如图 1.1-42 所示。它使得 AutoCAD 的图形相当于由许多张透明的图纸重叠在一起组成。绘图时可以将基准线、轮廓线、剖面线、尺寸标注等元素进行归类并划分成单独的图层，层上的图形对象自动获得图层的特性。在绘图、编辑和打印等操作过程中，可以对相应的图层进行各种管理。

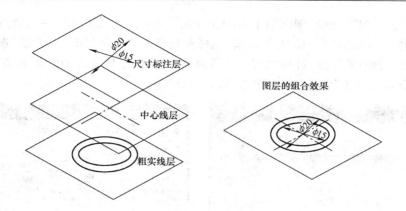

图 1.1-42 图层

合理组织图层和图层上的对象,可以提高图形的表达能力,同时使图形信息的处理更加便利。

1)新建图层

AutoCAD 在新建一个文件时,只有一个默认的"0"图层。用户可以根据实际绘图的需要,自己创建一些新图层。

命令执行方式有以下几种方式。

工具栏:"图层"工具栏→"图层特性管理器"按钮 ▦。

菜单栏:"格式"→"图层"。

命令行:LAYER。

执行图层命令后,弹出"图层特性管理器"对话框,如图 1.1-43 所示。

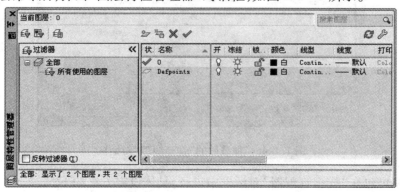

图 1.1-43 "图层特性管理器"对话框

单击对话框中的"新建"按钮,AutoCAD 会创建一个名称为"图层 1"的图层。连续单击"新建"按钮,AutoCAD 会依次创建名称为"图层 2"、"图层 3"等图层。更改图层的名称的步骤如下:首先选中该图层名,然后单击该图层名,出现文字编辑框,在文字编辑框中删除原图层名,输入新的图层名即可。

2)改变图层线型

默认情况下,新创建图层的线型均为实线(Continuous),用户可以改变线型,单击需要修改线型的图层行中的线型名称,弹出图 1.1-44 所示的"选择线型"对话框。单击"选择线型”对话框中的“加载”按钮,弹出图 1.1-45 所示的“加载或重载线型”对话框,该对话框列出了线型文件“acadiso. lin”中所有的线型,选择所要装入的线型并单击“确定”按钮,就可以将线型装入到当前图形的“选择线型”对话框中。如果需要装入的线型较多,可以按住【Ctrl】键选择多个线型,选择完毕后单击“确定”按钮返回。

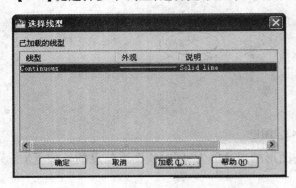
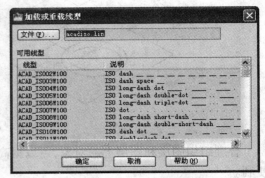

图 1.1-44　“选择线型”对话框　　　　　　图 1.1-45　“加载或重载线型”对话框

在图 1.1-46 所示的加载后的“选择线型”对话框的列表框中单击所需的线型名称,然后单击“确定”按钮可接受所作的选择并返回“图层特性管理器”对话框,这样就改变了图层的线型。

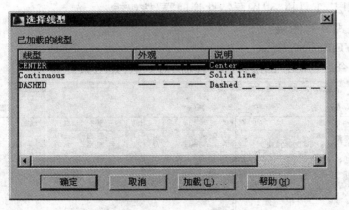

图 1.1-46　加载后的“选择线型”对话框

加载线型可也在“线型管理器”对话框中进行,具体设定方法如下。

“格式”菜单:“格式”→“线型”。

在命令提示行输入:LINETYPE。

输入命令后,AutoCAD 弹出“线型管理器”对话框,如图 1.1-47 所示,单击对话框中的“加载”按钮用于加载线型。

AutoCAD 提供了标准线型库,其中包含有多个长短、间隔不同的虚线和点画线,只有适当地搭配它们,在同一线型比例下,才能绘制出符合技术制图标准的图线。下面推荐一组绘制工程图样时常用的线型。

实线:CONTINUOUS。

虚线:ACAD_IS002W100。

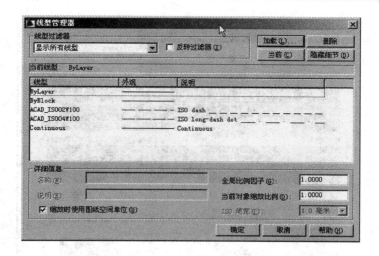

图 1.1-47　"线型管理器"对话框

点画线：ACAD_IS004W100。

双点域线：ACAD_IS005W100。

3）改变图层线宽

线宽的设置就是用不同宽度的线条来表现不同类型的对象。设置图层的线宽，可单击"图层特性管理器"对话框中该图层的线宽值，AutoCAD 弹出"线宽"对话框，如图 1.1-48 所示。在"线宽"对话框的列表框中单击所需的线宽，然后单击"确定"按钮可接受所作的选择并返回"图层特性管理器"对话框。

4）设定线型比例

在绘制工程图样中，要使线型规范，除了各种线型搭配要合适外，还必须合理设定全局线型比例和当前实体线型比例。线型比例值若设定不合理，就会造成虚线、点画线长短、间隔过大或过小，常常还会出现虚线和点画线画出来是实线的情况。

全局线型比例可在"线型管理器"对话框中设定，如图 1.1-49 所示。在"线型管理器"

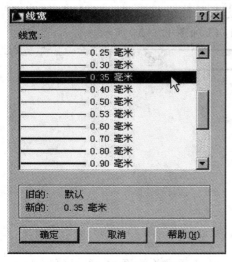

图 1.1-48　"线宽"对话框

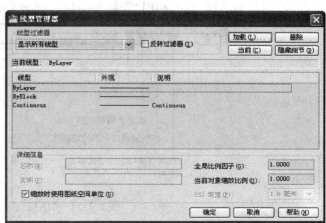

图 1.1-49　设定全局线型比例

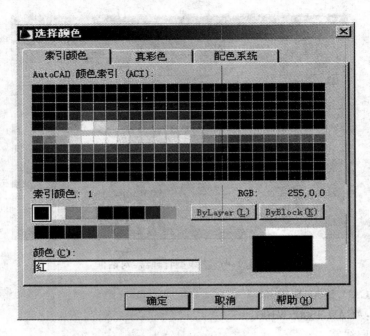

图 1.1-50 "选择颜色"对话框

对话框下部的"全局比例因子"文字编辑框中输入比例值"0.3",在"当前对象缩放比例"文字编辑框中使用默认的当前实体线型比例值"1.0000"。

5)改变图层颜色

单击"图层特性管理器"对话框中该图层的颜色图标,AutoCAD 将弹出"选择颜色"对话框,如图 1.1-50 所示。单击"选择颜色"对话框中所需颜色的图标,然后单击"确定"按钮可接受所作的选择并返回"图层特性管理器"对话框。在 CAD 制图中,各种线型所在图层设置不同的颜色,通常粗实线设置绿色,细实线设置白色,虚线设置黄色,细点画线设置红色。

6)设置图层状态

对于已经创建完成的图层,用户可以对图层的状态及特性进行设置。可以利用"图层特性管理器"对话框,也可利用"图层"工具栏,如图 1.1-43 和图 1.1-51 所示。

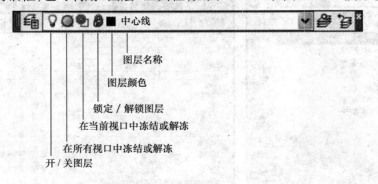

图 1.1-51 "图层"工具栏

(1)打开/关闭图层。单击"开/关图层"的💡图标可以打开或关闭图层,图层可以根据需要打开(可见)和关闭(不可见)。图层被打开,该层中的对象显示出来并可以打印,被关闭的图层对象只是隐藏起来不显示,不能打印输出而已。

(2)冻结/解冻图层。通过对图标 ☼ 的单击,就可以对图层进行冻结与解冻,被冻结的图层上图形对象不显示,不能打印输出,也不能参加图形处理过程中的运算。但要注意当前层不能被冻结,也不能将冻结图层设置为当前层。

(3)锁定和解锁图层。单击图标 🔓 就可以对图层进行锁定或者解锁。处在锁定层上的内容仍然可以显示出来,可以在该层上继续绘制新的图形,也能够捕捉该层上对象的特殊点,但不能对锁定层上的图形对象进行编辑和修改操作,可起到保护已绘制内容的作用。

任务 1.2　用 AutoCAD 2010 绘制简单平面图形

工程图样中的图形均由大量的直线、圆弧、多边形等基本图线构成,这些由基本图线构成的图形称为基本图形,如图 1.2-1 和图 1.2-2 所示。学会运用 AutoCAD 2010 中"绘图"菜单中的命令绘制基本图形,是掌握 AutoCAD 2010 的基本功。

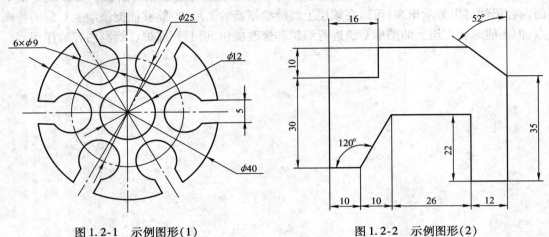

图 1.2-1　示例图形(1)　　　　　　　图 1.2-2　示例图形(2)

1.2.1　基本图形的绘制

AutoCAD 2010 提供了如图 1.2-3 所示的绘图命令,也可以选择"绘图"下拉菜单的命令或在命令行中输入相应的绘图命令进行图形的绘制。

1. 绘制直线

菜单栏:"绘图"→"直线"。

"绘图"工具栏:"直线"按钮。

命令行输入:L 或 LINE。

命令:_line 指定第一点:A 点

　指定下一点或[放弃(U)]:　<动态 UCS 关>

<正交开>50

　指定下一点或[放弃(U)]:10

　指定下一点或[闭合(C)/放弃(U)]:14

　指定下一点或[闭合(C)/放弃(U)]:12

　指定下一点或[闭合(C)/放弃(U)]:20

　指定下一点或[闭合(C)/放弃(U)]:8

　指定下一点或[闭合(C)/放弃(U)]:16

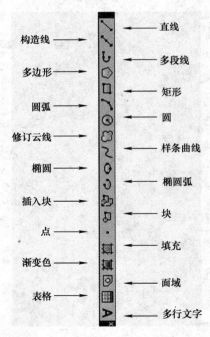

图 1.2-3　"绘图"工具栏

　指定下一点或[闭合(C)/放弃(U)]:C(完成图 1.2-4 所示图形)

"直线"是最常用、最简单的命令,只要输入两点坐标就可确定一条直线。也可利用"极轴追踪"和"对象捕捉追踪"功能输入距离绘制直线。

2. 绘制构造线

构造线是一种双向无限延伸的直线,常作为绘图的辅助线,用以确定一些特殊的点。

菜单栏:"绘图"→"构造线"。

"绘图"工具栏:"构造线"按钮。

命令行:XLINE。

命令:_xline 指定点或[水平(H)/垂直(V)/角度(A)/二等分(B)/偏移(O)]:(根据需要输入提示字母,如图1.2-5所示)

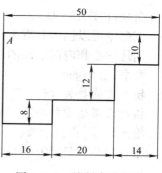

图 1.2-4　绘制直线图形

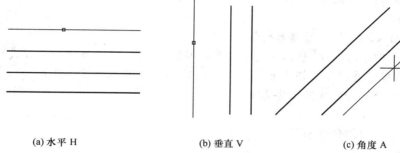

(a) 水平 H　　　　　(b) 垂直 V　　　　　(c) 角度 A

图 1.2-5　不同类型的构造线

3. 绘制矩形

菜单栏:"绘图"→"矩形"。

"绘图"工具栏:"矩形"按钮。

命令行:RECTANG。

命令:_rectang

指定第一个角点或[倒角(C)/标高(E)/圆角(F)/厚度(T)/宽度(W)]:

命令提示中各选项的含义如下。

(1)"倒角(C)":用于指定矩形的倒角距离,如图1.2-6(b)所示。

(2)"圆角(F)":用于指定矩形的圆角半径,如图1.2-6(c)所示。

(3)"宽度(W)":用于指定线宽,如图1.2-6(d)所示。

(4)"标高(E)":用于指定矩形的绘图平面与坐标面 XOY 的距离。

(5)"厚度(T)":用于指定矩形的厚度。

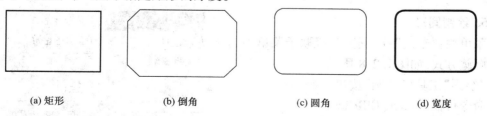

(a) 矩形　　　　　(b) 倒角　　　　　(c) 圆角　　　　　(d) 宽度

图 1.2-6　根据不同选项绘制的矩形

4. 绘制多边形

菜单栏:"绘图"→"正多边形"。

"绘图"工具栏:"正多边形"按钮。

命令行：POLYGON。

该命令可以创建具有3～1 024条等边长的正多边形。

创建中心和内接于圆的命令如下。

命令：_polygon

输入边的数目＜3＞:7　（根据需要输入数字）

指定正多边形的中心点或［边(E)］：单击多边形的中心点　（选择中心点方式）

输入选项［内接于圆(I)／外切于圆(C)］＜I＞:I　（选择内接于圆方式）

指定圆的半径:50　（完成图1.2-7(a)）

创建中心和外切圆的命令如下。

命令：_polygon

输入边的数目＜3＞:7　（根据需要输入数字）

指定正多边形的中心点或［边(E)］：单击多边形的中心点　（选择中心点方式）

输入选项［内接于圆(I)／外切于圆(C)］＜I＞:C　（选择外切于圆方式）

指定圆的半径:50　（完成图1.2-7(b)）

创建边的两个端点的命令如下。

命令：_polygon

输入边的数目＜3＞:7　（根据需要输入数字）

指定正多边形的中心点或［边(E)］:E　（输入参数E,选择边方式）

指定边的第一个端点：单击点1

指定边的第二个端点：单击点2　（完成图1.2-7(c)）

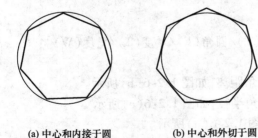

(a) 中心和内接于圆　　　　(b) 中心和外切于圆　　　　(c) 边的两个端点

图1.2-7　绘制正多边形

5. 绘制圆形

菜单栏："绘图"→"圆",从级联子菜单中选一种画圆方式,如图1.2-8所示。

"绘图"工具栏："圆"按钮。

命令行输入:C或CIRCLE。

AutoCAD 2010系统中提供6种画圆的方式,可以根据实际情况选择合适的方式,如图1.2-9所示。

例如：已知 *A*、*B*、*C* 三点,画出过这三点

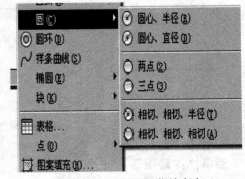

图1.2-8　绘制圆的菜单命令

的圆。

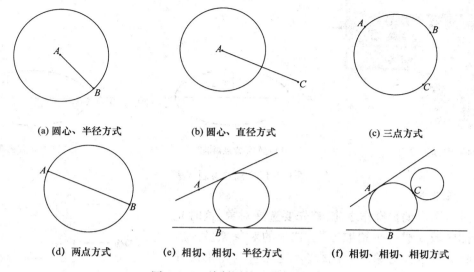

(a) 圆心、半径方式　　　　(b) 圆心、直径方式　　　　(c) 三点方式

(d) 两点方式　　　(e) 相切、相切、半径方式　　　(f) 相切、相切、相切方式

图 1.2-9　绘制圆的六种方式示例

命令:_circle

指定圆的圆心或[三点(3P)/两点(2P)/切点、切点、半径(T)]:_3p　　(选择三点方式)

指定圆上的第一个点:（指定第 A 点）

指定圆的第二点:（指定第 B 点）

指定圆的第三点:（指定第 C 点）

结果如图 1.2-9(c)所示。

例如:画出半径 15 且与 A、B 直线均相切的圆。

命令:_circle

指定圆的圆心或[三点(3P)/两点(2P)/切点、切点、半径(T)]:_T

指定对象与圆的第一个切点:（选择第一个相切实体 A）

指定对象与圆的第二个切点:（选择第二个相切实体 B）

指定圆的半径 <9.26 >:15　　（指定公切圆半径并按【Enter】键）

结果如图 1.2-9(e)所示。

6. 绘制椭圆

"绘图"工具栏:"椭圆"按钮。

菜单样:"绘图"→"椭圆",从级联子菜单中选一种画圆方式。

命令行输入:ELLIPSE。

AutoCAD 2010 系统中提供 3 种画椭圆的方式,如图 1.2-10(a)所示可以根据实际情况选择合适的方式。

1.2.2　基本图形的编辑

为了绘制较复杂的图形,在很多时候仅仅依靠绘图命令是远远不够的,还需要借助于图形编辑命令,如图 1.2-11 所示,可以最大限度地帮助使用者提高绘图效率和图形质量。

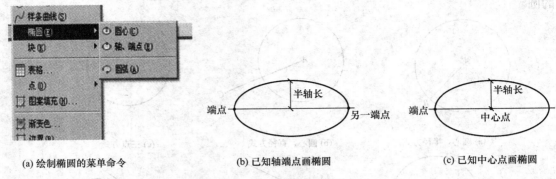

(a) 绘制椭圆的菜单命令　　　　(b) 已知轴端点画椭圆　　　　(c) 已知中心点画椭圆

图 1.2-10　椭圆绘制方法

1. 对象选择

在进行图形编辑操作之前,首先要选择对象,这时光标在绘图区域变成一个拾取方框,选中的对象亮显为虚线。AutoCAD 选择对象的方式很多,这里重点介绍几种常用的对象选择方式。

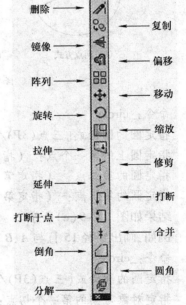

图 1.2-11　"修改"工具栏

1)基本选择方式

这是一种默认选择方式,当命令行提示"选择对象"时,移动光标,将拾取框放在所选对象上,单击鼠标左键,该对象变为虚线,表示被选中,还可继续选择其他对象。

2)窗口选择方式

(1)完全窗口方式。在提示语句后输入"W",可以执行命令,完全在鼠标拖动矩形区域中的图形被选中。注意如不输入"W",则鼠标从图形左上角向右下角拖动,完全在鼠标拖动矩形区域中的图形被选中。如图 1.2-12所示。

(2)交叉窗口方式。在提示语句后输入"C",可以执行命令,完全在鼠标拖动矩形区域中的图形和与矩形相交的图形被选中。注意如不输入"C",则鼠标从图形右下角向左上角拖动,也可以得到同样的效果。如图1.2-13所示。

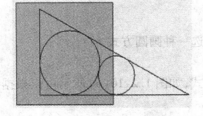
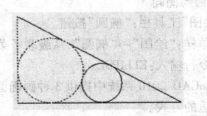

图 1.2-12　完全窗口方式操作及操作结果

3)其他选择方式

其他选择方式如下。

(1)全部选择方式。当提示"选择对象"时,输入"ALL",按【Enter】键,即选中绘图区中

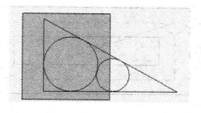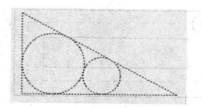

图 1.2-13 交叉窗口方式操作及操作结果

除冻结层和锁定层以外的所有对象。

　　（2）最后对象选择方式。当提示"选择对象"时，输入"L"，按【Enter】键，即选中绘图区中最后绘制的图形对象。

　　（3）多边形窗口方式。当提示"选择对象"时，输入"WP"，按【Enter】键，即选中绘图区中落在多边形内的对象。

　　（4）多边形交叉窗口方式。当提示"选择对象"时，输入"CP"，按【Enter】键，即选中绘图区中落在多边形内及与该多边形相交的对象。

　　（5）栏选方式。当提示"选择对象"时，输入"F"，按【Enter】键，绘制一条开放的线，凡与这条线相交的对象均被选中。

2. 删除对象

菜单栏："修改"→"删除"。

"修改"工具栏："删除"按钮。

命令行：ERASE。

按照提示选择要删除的对象，直到按回车键或空格键结束选择，同时删除已经选定的对象。注意：如果误删除了对象，可以使用 oops 命令来恢复，但此命令只能恢复最后一次被删除的对象。

3. 复制对象

菜单栏："修改"→"复制"。

"修改"工具栏："复制"按钮。

命令行：COPY。

将选中的对象复制到指定位置，该命令既可以进行单个复制，也可进行多重复制，如图 1.2-14 所示。

命令：_copy

选择对象：找到 1 个（选择小圆）

选择对象：（可以继续选择对象，结束选择直接按回车键）

当前设置：复制模式 = 多个

指定基点或［位移（D）/模式（O）］＜位移＞：（单击小圆的圆心 A）

指定第二个点或＜使用第一个点作为位移＞：（单击 B 点，回车）

指定第二个点或［退出（E）/放弃（U）］＜退出＞：（单击 C 点，回车）

指定第二个点或［退出（E）/放弃（U）］＜退出＞：（单击 D 点，回车）

指定第二个点或［退出（E）/放弃（U）］＜退出＞：（回车，结束命令）

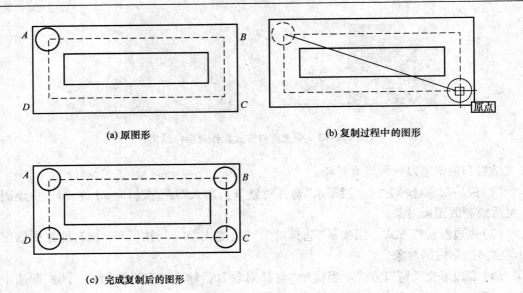

(a) 原图形　　　　　　　　　　　　(b) 复制过程中的图形

(c) 完成复制后的图形

图 1.2-14　复制对象

4. 镜像

该命令可以将图形以指定的直线为对称轴进行复制,得到对称图形,如图 1.2-15 所示。该直线称为镜像线。

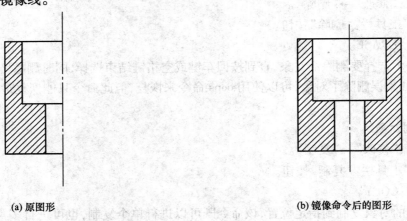

(a) 原图形　　　　　　　　　　　　　　　　(b) 镜像命令后的图形

图 1.2-15　镜像命令

下列三种方式可以实现此命令。

菜单栏:"修改"→"镜像"。

"修改"工具栏:"镜像"按钮。

命令行:MIRROR。

命令:_mirror

选择对象:指定对角点:找到 5 个(选择图形)

选择对象:(回车结束选择)

指定镜像线的第一点:(指定对称线的一个端点)

指定镜像线的第二点:(指定对称线的另一个端点)

要删除源对象吗？［是（Y）/否（N）］＜N＞:（回车，接收系统默认选择，若需要删除对象，则输入Y）

在 AutoCAD 2010 中,使用系统变量 MIRRTEXT 可以控制文字对象的镜像方向。系统默认 MIRRTEXT 的值为"0",则文字对象的文字镜像但方向不镜像。可以在命令行输入"MIRRTEXT"命令,将其属性值改为"1",再执行镜像命令,可以使文字与原文字完全相同,如图 1.2-16 所示。

电子工程制图与 CAD	电子工程制图与 CAD
甲ʒ工程制图ɕ C∀D	电子工程制图与 CAD
(a) MIRRTEXT=0	(b) MIRRTEXT=1

图 1.2-16　文字镜像

5. 偏移

该命令可以生成原图形的相似形,通常用该命令绘制同心圆、圆弧、平行线等对象。

菜单栏:"修改"→"偏移"。

"修改"工具栏:"偏移"按钮。

命令行:OFFSET。

偏移命令可以通过指定偏移距离（系统默认选择如图 1.2-17（a）所示）或指定通过点（T）（如图 1.2-17（b）所示）两种方式来完成。

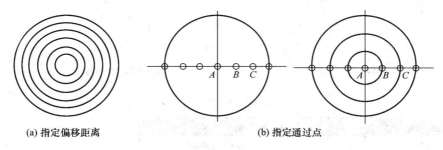

(a) 指定偏移距离　　　　　　　　(b) 指定通过点

图 1.2-17　偏移命令

命令:_offset

当前设置:删除源＝否　图层＝源　OFFSETGAPTYPE =0

指定偏移距离或［通过（T）/删除（E）/图层（L）］＜通过＞:T（输入 T,使用通过距离方式,回车）

选择要偏移的对象,或［退出（E）/放弃（U）］＜退出＞:（单击大圆,回车）

指定通过点或［退出（E）/多个（M）/放弃（U）］＜退出＞:（单击 B 点,回车）

选择要偏移的对象,或［退出（E）/放弃（U）］＜退出＞:（单击大圆,回车）

指定通过点或［退出（E）/多个（M）/放弃（U）］＜退出＞:（单击 C 点,回车）

选择要偏移的对象,或［退出（E）/放弃（U）］＜退出＞:（回车,结束命令）

6. 阵列

阵列命令可以使对象进行快速多重复制,并按照一定规律呈现矩形或环形排列。

菜单栏:"修改"→"阵列"。

"修改"工具栏:"阵列"按钮。

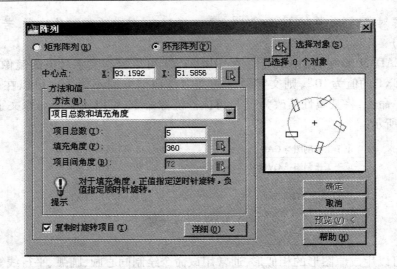

(a) "环形阵列" 对话框

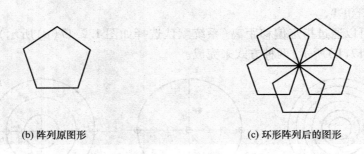

(b) 阵列原图形　　　　　　　　　(c) 环形阵列后的图形

图 1.2-18　环形阵列

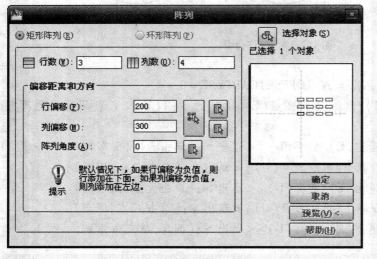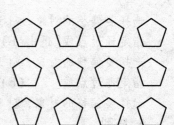

(a) "矩形阵列" 对话框　　　　　　　　　　　　　(b) 矩形阵列后的图形

图 1.2-19　矩形阵列

命令行:ARRAY。

命令:_array(弹出对话框并完成相应设置,环形阵列如图 1.2-18 所示)

命令:_array(弹出对话框并完成相应设置,矩形阵列如图 1.2-19 所示)

7. 旋转

使用该命令可以将对象按一定角度旋转。

菜单栏:"修改"→"旋转"。

"修改"工具栏:"旋转"按钮。

命令行:ROTATE。

命令:_rotate

UCS 当前的正角方向: ANGDIR = 逆时针　ANGBASE = 0(说明当的前正角度方向为逆时针方向,X 轴正方向为零角度方向)

选择对象:指定对角点:找到 37 个

选择对象:(回车,选择结束)

指定基点:(单击图形旋转起点)

指定旋转角度,或[复制(C)/参照(R)]<45>:23(输入旋转角度,如图 1.2-20 所示)

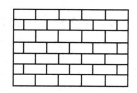 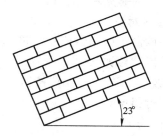

图 1.2-20　旋转命令

注意:若选择参数(C),则表示在旋转时复制一个副本,又称为旋转复制。

8. 缩放命令

使用该命令可以使对象按照设置的比例进行放大或缩小,比例因子是新尺寸与原尺寸的比值,比例因子大于 1 时,放大对象;比例因子在 0 和 1 之间时,缩小对象。

菜单栏:"修改"→"缩放"。

"修改"工具栏:"缩放"按钮。

命令行:SCALE。

例如:图 1.2-21 所示将边长为 100 的等边三角形修改为边长为 46 的等边三角形。

命令:_scale

选择对象:指定对角点:找到 1 个(选择三角形)

选择对象:(回车,结束选择)

指定基点:(单击 A 点)

指定比例因子或[复制(C)/参照(R)]<3.0000>:0.46

又如图 1.2-22 所示将边长为 85 的等边三角形修改为边长为 46 的等边三角形,由于不容易计算比例因子,所以使用参照方式进行缩放。

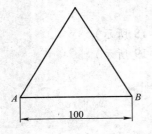

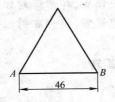

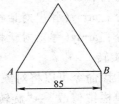

图 1.2-21　缩放命令　　　　　　　　　　　图 1.2-22　缩放命令(参照方式)

命令:_scale

选择对象:找到 1 个(选择三角形)

选择对象:(回车,结束选择)

指定基点:(单击 A 点)指定比例因子或[复制(C)/参照(R)] <0.4600> :R(选择参照方式)

指定参照长度 <1.0000> :(单击 A 点)

指定第二点:(单击 B 点)

指定新的长度或[点(P)] <1.0000> :46(输入修改后的边长数据)

9. 修剪对象

使用该命令可以剪掉一些超过边界的线条,被修剪的对象可以是多种形式的。

菜单栏:"修改"→"修剪"。

"修改"工具栏:"修剪"按钮。

命令行:TRIM。

命令:_trim

当前设置:投影 = UCS,边 = 无

选择剪切边 …

选择对象或 <全部选择> :　找到 1 个(单击圆弧)

选择对象:

选择要修剪的对象,或按住【Shift】键选择要延伸的对象,或

[栏选(F)/窗交(C)/投影(P)/边(E)/删除(R)/放弃(U)]:(单击需要修剪的线段)

选择要修剪的对象,或按住【Shift】键选择要延伸的对象,或

[栏选(F)/窗交(C)/投影(P)/边(E)/删除(R)/放弃(U)]:(回车,结束命令)

完成如图 1.2-23 所示图形。

注意:按住【Shift】键选择对象,可将不与修剪边相交的对象延伸到修剪边上。

1.2.3　用 AutoCAD 绘制简单的平面图形

1. 绘制图例(图 1.2-24)所示图形

其步骤如下。

(1)启动程序,新建一个文档,使用菜单"格式/图层"设置两个新图层,分别是"粗实线"、"点画线"图层,并设置相应的线型、颜色、线宽,如图 1.2-25 所示。

(2)选择"点画线"图层,单击"直线"按钮,并打开"正交模式"绘制两条彼此垂直的直

线;单击"圆"按钮,使用"圆心、直径"方式画出直径为 25 的圆,如图 1.2-26 所示。

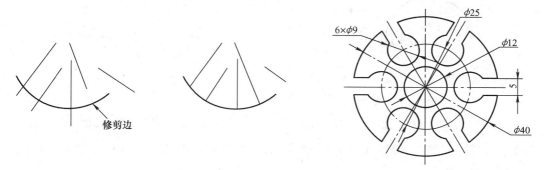

图 1.2-23　修剪命令　　　　　　　　　　　　　图 1.2-24　图例

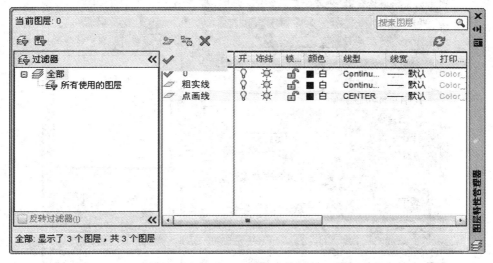

图 1.2-25　设置图层

(3)选择"粗实线"图层,单击"圆"按钮,使用"圆心、直径"方式画出直径为 40、12、9 的圆,如图 1.2-27 所示。

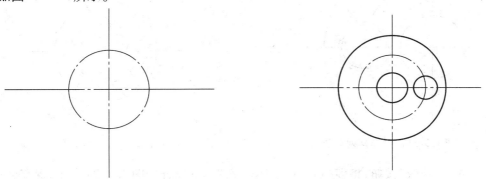

图 1.2-26　辅助线　　　　　　　　　　　　　　图 1.2-27　绘制圆形

(4)单击"偏移"按钮,指定偏移距离 2.5,偏移两条辅助线,如图 1.2-28 所示。单击"直线"按钮,捕捉交点,绘制两条直线,如图 1.2-29 所示。

图 1.2-28　偏移直线　　　　　　　　　图 1.2-29　捕捉特殊点画线

（5）单击"阵列"按钮,设置如图 1.2-30 所示,阵列对象如图 1.2-31 所示,最后得到如图 1.2-32 所示的结果。

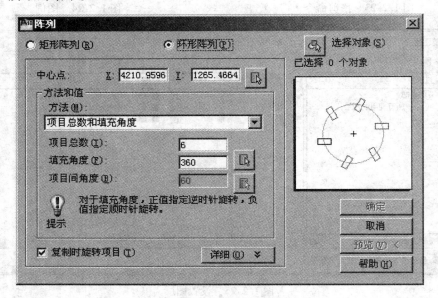

图 1.2-30　环形阵列设置参数

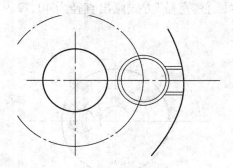

图 1.2-31　选择阵列对象

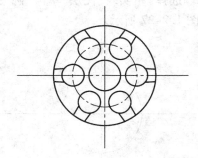

图 1.2-32　阵列结果图

（6）单击"修剪"按钮,将多余的图线剪掉,完成后的图样如图 1.2-24 所示,保存文档。

2. 绘制图例所示图形

其绘图步骤如下。

（1）启动程序,新建一个文档。

（2）单击"正多边形"按钮,以边长方式绘制正五边形;单击"圆"按钮,以两点(2p)方式绘制五个圆。结果如图 1.2-33 所示。

（3）删除五边形,单击"圆"按钮,分别通过大圆的交点,以三点(3p)方式绘制小圆,如图 1.2-34 所示。

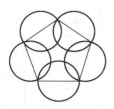

图 1.2-33　绘制正多边形和圆

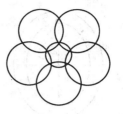

图 1.2-34　完成圆的图形

（4）单击"修剪"按钮,将多余的图线剪掉,如图 1.2-35 所示。

（5）单击"图案填充"按钮,对图形进行填充,如图 1.2-36 所示,并保存图形。

图 1.2-35　修剪结果

图 1.2-36　填充结果

3. 完成如图 1.2-37 所示图形

其绘图步骤如下。

（1）启动程序,新建文档。使用菜单"格式/图层"设置两个新图层,分别是"粗实线"、"点画线"图层,并设置相应的线型、颜色、线宽,如图 1.2-25 所示。

（2）选择"点画线"图层,单击"直线"按钮,并打开"正交模式"绘制两条彼此垂直的直线,并使用"偏移"命令生成一条水平直线,如图 1.2-38 所示。

（3）选择"粗实线"图层,点击"圆"按钮,绘制 3 个直径为 12 的圆和 2 个半径为 15 的圆。绘制图形如图 1.2-39 所示。

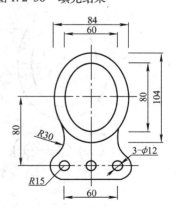

图 1.2-37　图例

图 1.2-38　绘制中心线

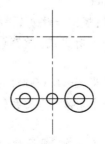

图 1.2-39　绘制圆形

（4）单击"椭圆"按钮，分别绘制两个椭圆，如图 1.2-40 所示。

（5）单击"对象捕捉"按钮，设置捕捉点"切点"，如图 1.2-41 所示。

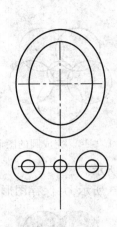

图 1.2-40　绘制椭圆

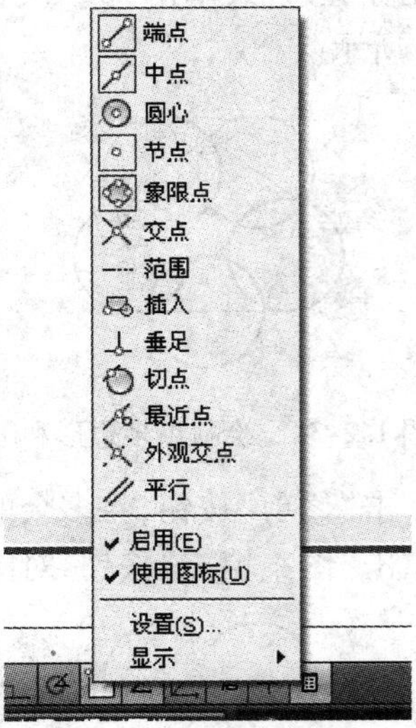

图 1.2-41　设置捕捉点

（6）单击"直线"按钮，通过切点绘制直线图形，如图 1.2-42 所示。

（7）单击"圆角"命令，完成图形，如图 1.2-43 所示。

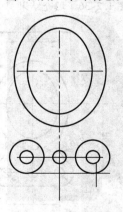

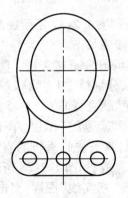

图 1.2-42　绘制直线

图 1.2-43　使用"圆角"编辑图形

命令：_fillet

当前设置：模式 = 修剪，半径 = 0. 0000

选择第一个对象或[放弃(U)/多段线(P)/半径(R)/修剪(T)/多个(M)]：r(设置半径)

指定圆角半径 <0. 0000 >：30(输入圆角半径值)

选择第一个对象或[放弃(U)/多段线(P)/半径(R)/修剪(T)/多个(M)]：(单击大椭圆)

选择第二个对象，或按住【Shift】键选择要应用角点的对象：(单击半径为 12 的圆)

最终完成图形,如图 1.2-37 所示。

4. 完成如图 1.2-44 所示太极图形图例

其绘制步骤如下。

(1)启动程序,新建文档。使用菜单"格式"→"图层"设置两个新图层,分别是"粗实线"、"点画线"图层,并设置相应的线型、颜色、线宽,如图 1.2-25 所示。

(2)选择"点画线"图层,单击"直线"按钮,并打开"正交模式"绘制两条彼此垂直的直线,画出任意直径的圆,并利用"修剪"命令完成,如图 1.2-45 所示。

(3)单击"格式"→"点样式",选择一种点的样式,如图 1.2-46 所示。

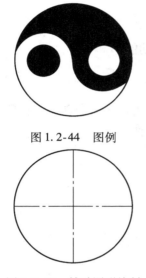

图 1.2-44　图例

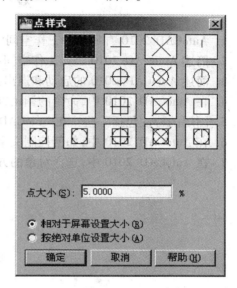

图 1.2-45　辅助图形绘制

图 1.2-46　"点样式"对话框

(4)将圆的直径等分 8 份,结果如图 1.2-47 所示。

命令:div

选择要定数等分的对象:(单击水平直线)

输入线段数目或[块(B)]:8(输入等分数值)

(5)右击"对象捕捉",捕捉"节点",利用两点方式(2p)画圆,如图 1.2-48 所示。

(6)单击"格式"→"点样式",选择点的样式为"无"。

(7)单击"修剪"按钮,将图形修改为如图 1.2-49 所示的图形。

(8)单击"图案填充"按钮,完成如图 1.2-50 所示的太极图形。

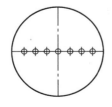

图 1.2-47　对象平分

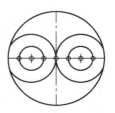

图 1.2-48　画圆

图 1.2-49　用"修剪"命令编辑图形　　　　　　　　图 1.2-50　用"图案填充"完成图形

复 习 题

1. AutoCAD 2010 有哪几种工作空间？
2. 简述 AutoCAD 2010 经典工作空间各组成部分的功能。
3. 简述 AutoCAD 2010 的启动和退出办法。
4. 在 AutoCAD 2010 中,命令的调用方法有哪几种？
5. 图层的特性包括哪些？在 AutoCAD 2010 中,可以用什么命令创建和管理图层？
6. 在 AutoCAD 2010 中,如何控制文字镜像后的可读性？
7. 在 AutoCAD 2010 中,选择对象的方法有哪几种？

项目二　工程制图基础

【学习目标】

1. 知识要求

（1）掌握国家标准《技术制图》对图纸幅面、比例、字体、图线等的规定。

（2）了解三视图的形成,掌握三视图"长对正,高平齐,宽相等"的投影规律,掌握三视图的投影关系。

（3）掌握基本几何体的投影特征,能用形体分析法识读组合体视图,用线面分析法分析物体各表面的形状和位置。

（4）掌握剖视图、断面图的分类及常用的规定画法。

（5）掌握使用 AutoCAD 进行组合体三视图、文字、尺寸标注及轴测图的绘制。

2. 技能要求

（1）培养并建立既能从视图想象出空间物体,又能根据物体进行投影并构思出三视图的良好与正确的思维。

（2）会用工程图样常用表达方法的知识,了解和理解物体的结构与表达方法,并以此为工具为识读电子产品的零件图和装配图建立基础知识平台。

（3）较熟练运用 AutoCAD 绘制组合体视图并标注。

在工程领域中,根据投影原理及国家标准规定表示工程对象的形状、大小以及技术要求的图称为工程图样。工程图样的运用非常广泛,在各个专业领域也各具特色。

任务 2.1　认识工程图样

2.1.1　工程图样简介

工程领域中,根据投影原理及国家标准规定表示工程对象的形状、大小以及技术要求的图称为工程图样。其示例如图 2.1-1 所示。

工程图样是工程与产品信息的载体,是工程界表达、交流的语言,是现代生产中重要的技术文件。因此,图样的绘制和阅读是工程技术人员必须掌握的一种技能。

2.1.2　图样的形成

如图 2.1-1 所示的工程图样就是用视图来表达物体结构形状的。要看懂它,首先要知道图样上的视图是根据什么原理和方法画出来的。掌握这些原理、了解视图的形成及画法是绘制和阅读工程图样的基础。

1. 投影法

1）投影的概念

在生活中,常看到这样的自然现象:物体在光线（阳光或灯光）的照射下,会在地面或墙

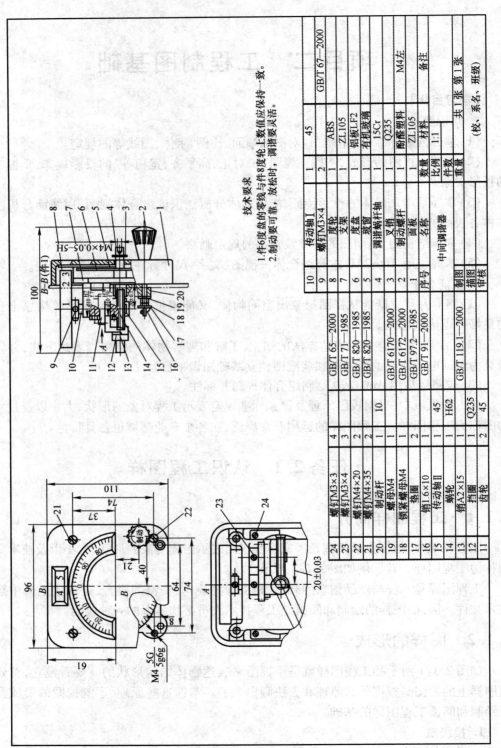

图 2.1-1 工程图样

面上产生影子,这就是投影的基本现象。人们通过长期的观察、实践和研究,找出了光线、形体及其影子之间的关系和规律,总结出了科学的投影理论和方法。

如图 2.1-2 所示,将三角块 ABC 放在光源 S 和平面 P 之间,由于光线的照射,在平面上出现三角块的影子△abc。

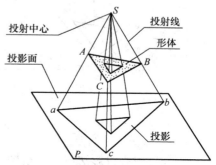

在投影理论中,把光源 S 叫做投影中心;把承受影子的面 P(一般为平面)叫做投影面;把经过三角板 ABC 与投影面 P 相交的光线 Sa、Sb、Sc 叫做投射线;把通过三角板 ABC 的投射线与投影面 P 相交得到的图形△abc,称为形体在该投影面上的投影,如图 2.1-2 所示。这种将投射线通过形体,向选定的面投射,并在该面上得到图形的方法叫投影法。

图 2.1-2　投影的概念

2)投影法的分类

根据光源与投影面之间的距离远近,投影法可以分为两类:中心投影法和平行投影法。

(1)中心投影法。若光源与投影面之间的距离为有限远,则所有的投射线都汇交于一点,因此这种投影方式称为中心投影法,如图 2.1-2 所示。分析可知,图形△abc 的大小会随三角板 ABC 与投影中心 S 的远近而变化,有"近大远小"的特点,所以中心投影法得到的投影一般不反映形体的真实大小,度量性较差,作图复杂,如图 2.1-3 所示。

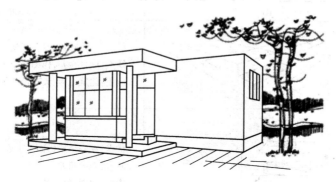

图 2.1-3　用中心投影法绘制的建筑物图形

(2)平行投影法。若光源与投影面之间的距离为无限远,则所有的投射线都视为互相平行的,因此这种投影方式称为平行投影法,如图 2.1-4 所示。在平行投影法中,由于投射线相互平行,若平行移动三角板使三角板与投影面的距离发生变化,三角板的投影形状和大小均不会改变,具有度量性。这是平行投影的重要特性。

根据投射线与投影面是否垂直,平行投影法又分为正投影法(又叫垂直投影法)和斜投影法两类。

正投影法:投射线相互平行且与投影面垂直的投影法,如图 2.1-4(a)所示。

斜投影法:投射线相互平行且与投影面倾斜的投影法,如图 2.1-4(b)所示。

正投影又有单面正投影和多面正投影之分。

投影法归纳如下。

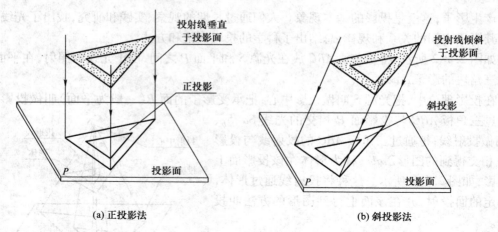

(a) 正投影法   (b) 斜投影法

图 2.1-4　平行投影法

$$
投影法
\begin{cases}
中心投影法——透视图 \\
平行投影法
\begin{cases}
斜投影法——各种斜轴测图 \\
正投影法
\begin{cases}
单面——标高图、各种正轴测图 \\
多面——多面正投影图
\end{cases}
\end{cases}
\end{cases}
$$

表 2.1-1 列出了工程上常用的四种投影图及其特点和应用场合。

表 2.1-1　常用的四种投影图

类　别		图　　例	特点及应用
中心投影	透视图		优点:立体感强,符合视觉习惯 缺点:度量性差,作图复杂 应用:建筑工程、大型设备等的辅助图样
平行投影	标高图		优点:在一个投影面上可表示出不同高度的形状 缺点:立体感差 应用:地图、复杂的曲面形体不同截面的形状绘制
	轴测图		优点:立体感强 缺点:度量性差,作图复杂 应用:工程辅助图样
	多面正投影		优点:能准确反映形体的形状和结构,作图方便,度量性好 缺点:立体感差 应用:工程图样

比较表 2.1-1 中四种投影图及其特点,可以得出这样的结论:用正投影法绘制的多面正投影图虽然立体感差,但能够准确、完整地表达出形体的形状和结构,且作图简便,度量性好,因而在工程上被广泛采用。国家标准中规定,机件的图形按正投影法绘制。因此,正投影法是本课程研究和讨论的主要内容。除特别指明外,所提及的投影均指正投影和正投影图。

3)正投影的基本特性

正投影的基本特性体现在用正投影法绘制的所有正投影图中,为了正确理解正投影图,必须掌握这些特性。

(1)真实性。当物体上的平面图形(或棱线)与投影面平行时,其投影反映实形(或实长)。如图 2.1-5(a)所示,物体上的平面图形 ABCDE 与投影面 V 平行,其投影 a'b'c'd'e' 反映平面图形的实形。物体上的棱线 AE 与 V 面平行,其投影 a'e' 也反映棱线的实长。正投影的真实性非常有利于在图形上进行度量。

(2)积聚性。当物体上的平面图形(或棱线)与投影面垂直时,其投影积聚为一条线(或一个点)。如图 2.1-5(b)所示,物体上的平面图形 AEFG 与投影面 V 垂直,其投影 a'e'f'g' 积聚为一条线段。物体上的棱线 EF 与 V 面垂直,其投影 e'f' 积聚为一个点。正投影的积聚性非常有利于图形绘制的简化。

(3)类似性。当物体上的平面图形(或棱线)与投影面倾斜时,其投影仍与原来形状类似,但平面图形变小了,线段变短了。正投影的类似性,有利于看图时想象物体上几何图形的形状。如图 2.1-5(c)所示,物体上的平面图形 MNTS 与投影面 V 倾斜,其投影 m'n't's' 为平面图形的类似图形,但变窄了。物体上的棱线 MN 与 V 面倾斜,其投影 m'n' 仍为线段,但长度较 MN 短。

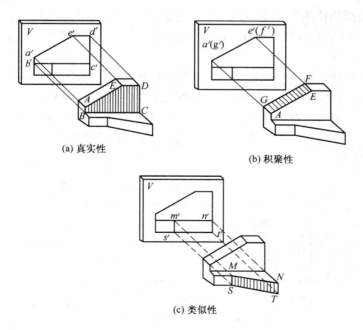

(a)真实性　　　　　　　　　　　　　　　(b)积聚性

(c)类似性

图 2.1-5　正投影的基本特性

2. 图纸幅面和格式

1）图纸幅面尺寸

GB/T 14689—1993 对图纸幅面的尺寸和格式做出了规定。图纸的基本幅面尺寸如图 1.1-36 所示。

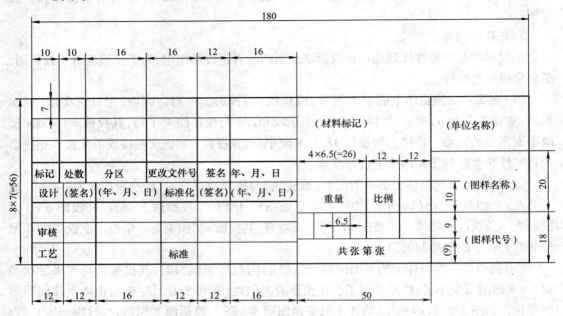

图 2.1-6　标题栏的格式和尺寸

2）图框的格式

各种幅面的图纸均应用粗实线画出图框。图框有两种格式：留装订边（如图 1.1-34 所示）和不留装订边（如图 1.1-35 所示）。应优先选用不留装订边的格式。

3）标题栏

为使绘制的图样便于管理及查阅，每张图都必须有标题栏。通常标题栏应位于图框的右下角，看图的方向应与标题栏的方向一致，如图 1.1-34 和图 1.1-35 所示。

GB/T 10609.1—1989 对标题栏的内容、格式和尺寸做了规定，图 2.1-6 列出了国家标准规定的标题栏的格式、分栏和尺寸。制图作业建议使用图 2.1-7 所示的简易标题栏。

图 2.1-7　简易标题栏

3. 图线的类型及应用

图样上的图形是由各种图线构成的。为了便于绘图和看图,利于统一,国家标准规定了图线的名称、型式、尺寸、一般应用及画法规则等。

国家标准 GB/T 17450—1998《技术制图图线》中规定了绘制各种技术图样的基本线型、基本线型的变形及其相互组合。它们适用于各种技术图样,如机械、电气、建筑和土木工程图样等。各种图线及其用途和应用如表 2.1-2 和图 2.1-8 所示。

表 2.1-2　各种图线及其用途

图线名称	线　型	线宽	一　般　应　用
细实线	——————————	d/2	1. 过渡线 2. 尺寸线 3. 尺寸界线 4. 指引线和基准线 5. 部面线
波浪线	〜〜〜〜〜	d/2	1. 断裂处边界线 2. 视图与剖视图的分界线
双折线	⌇⌇⌇	d/2	1. 断裂处边界线; 2. 视图与剖视图的分界线
粗实线	━━━━━━ d	d	1. 可见棱边线 2. 可见轮廓线 3. 相贯线 4. 螺纹牙顶线
细虚线	- - 4~6⊣ ⊢1 - -	d/2	1. 不可见棱边线 2. 不可见轮廓线
粗虚线	━ ━ 4~6⊣ ⊢1 ━ ━	d	1. 允许表面处理的表示线
细点画线	— · 15~30⊣ ⊢3 — · —	d/2	1. 轴线 2. 对称中心线 3. 分度圆(线)
粗点画线	━ · 15~30⊣ ⊢3 ━ · ━	d	1. 限定范围表示线
细双点画线	— · · ~20⊣ ⊢5 — · ·	d/2	1. 相邻辅助零件的轮廓线 2. 可动零件的极限位置的轮廓线

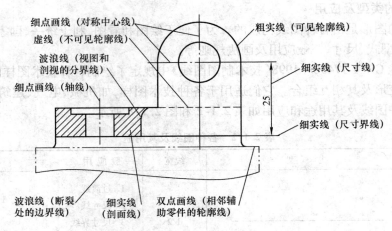

图 2.1-8　图线的应用

4. 比例,斜度及锥度的概念

1)比例的概念

比例是指图中图形与其实物相应要素的线性尺寸之比。

需要按比例绘制图样时,应由表 2.1-3 规定的系列中选取适当的比例。必要时,允许选取表 2.1-4 中的比例。

表 2.1-3　国家标准规定优先选用的比例

种　类	比　例
原值比例	1:1
放大比例	$2:1;5:1;1 \times 10^n:1;2 \times 10^n:1;5 \times 10^n:1$
缩小比例	$1:2;1:5;1:1 \times 10^n;1:2 \times 10^n;1:5 \times 10^n$

表 2.1-4　国家标准规定允许的比例

种　类	比　例
放大比例	$2.5:1,4:1,2.5 \times 10:1,4 \times 10:1$
缩小比例	$1:1.5,1:2.5,1:3,1:4,1:6,1:1.5 \times 10^n,1:2.5 \times 10^n,1:3 \times 10^n,1:4 \times 10^n,1:6 \times 10^n$

绘制图样时,应尽可能按机件的实际大小(1:1)画出(即 1:1 的比例),以便直接从图样上看出机件的实际大小。对于大而简单的机件,可采用缩小比例,而对于小而复杂的机件,宜采用放大的比例。

无论采用何种比例画图,标注尺寸时都必须按照机件原有的尺寸大小标注。同一机件的各个视图,应采用相同的比例,并在标题栏中的比例栏内标注所采用的比例。同一机件的某个视图采用了不同比例时,必须另行标注。

2)斜度及锥度的概念

(1)斜度。

斜度是指一直线或平面对另一直线或平面的倾斜程度。工程上用直角三角形对边与邻边比值来表示,并固定把比例前项化为 1 而写成 1:n 的形式,如图 2.1-10(a)所示。例如已知直线 BC 的斜度为 1:5,其作图方法如图 2.1-10(b)所示。

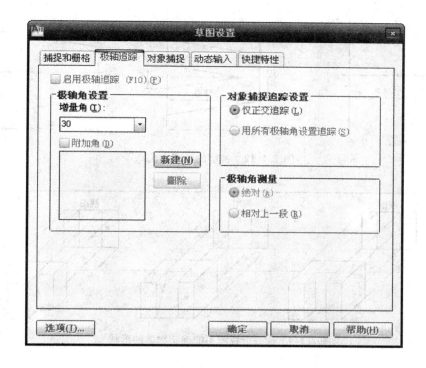

图 2.1-9　比例的应用

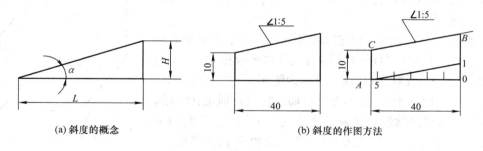

(a) 斜度的概念　　　　　　　　　(b) 斜度的作图方法

图 2.1-10　斜度的概念及画法

（2）锥度。

锥度是指圆锥的底圆直径 D 与高度 H 之比，通常，锥度也要写成 $1:n$ 的形式，如图 2.1-11 所示。锥度的画图方法如图 2.1-12 所示。

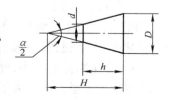

图 2.1-11　锥度的概念

5. 三视图

在工程图样中，假设人的视线为一组平行的且垂直于投影面的投影线，这样在投影面上所得到的正投影称为视图。

通常，一个视图不能确定物体的形状。如图 2.1-13 所示，三个形状不同的物体，它们在投影面上的投影都相同。因此，要反映物体的完整形状，就要增加由不同投影方向所得到的几个视图，互相补充，这样才能将物体表达清楚。工程上常用的是三视图。

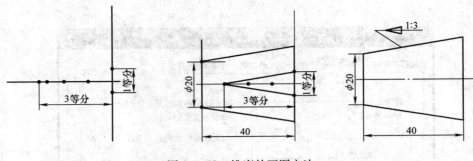

图 2.1-12   锥度的画图方法

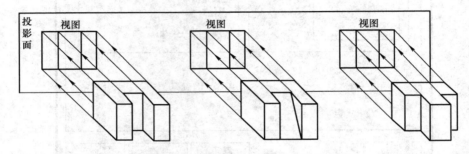

图 2.1-13   一个视图不能确定物体的形状

1) 三投影面体系

为了画出物体的三视图,人们选用三个互相垂直的投影面,建立三投影面体系。

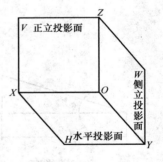

图 2.1-14   三投影面体系

在如图 2.1-14 所示的三投影面体系中,三个投影面分别为:正立投影面,简称为正面,用 V 表示;水平投影面,简称为水平面,用 H 表示;侧立投影面,简称为侧面,用 W 表示。

三个投影面的相交线,称为投影轴。它们分别是:OX 轴,是 V 面和 H 面的交线,它代表长度方向;OY 轴,是 H 面和 W 面的交线,它代表宽度方向;OZ 轴,是 V 面和 W 面的交线,它代表高度方向;三个投影轴垂直相交的交点 O,称为原点。

2) 三视图的形成

如图 2.1-15(a)所示,将长方体放在三个投影面中,分别向正面、水平面、侧面投影,在正面的投影叫主视图,在水平面上的投影叫俯视图,在侧面上的投影叫左视图。

为了度量物体的大小,分别用三个投影面 V、H 和 W 的相交线 OX、OY、OZ 轴来表示长、宽、高的三个度量方向。为了把三个视图画在同一平面上,如图 2.1-15(b)所示,规定正面不动,水平面绕 OX 轴向下旋转 90°,侧面绕 OZ 轴向右转 90°,使三个互相垂直的投影面展开在一个平面上如图2.1-15(c)所示。为了画图方便,把投影面的边框去掉,得到如图 2.1-15(d)所示的三视图。

3) 三视图的投影关系

如图 2.1-15(d)所示,一个视图只能反映两个方向的尺寸。主视图反映了物体的长度

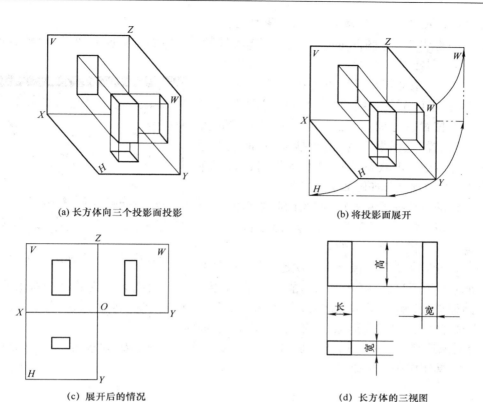

(a) 长方体向三个投影面投影　　　　　　　(b) 将投影面展开

(c) 展开后的情况　　　　　　　　　　　(d) 长方体的三视图

图 2.1-15　三视图的形成

和高度,俯视图反映了物体的长度和宽度,左视图反映了物体的宽度和高度。根据三视图的形成和三投影面的展开,可以把三视图的投影关系归纳三句话:主、俯视图长度相等;主、左视图高度相等;俯、左视图宽度相等,简称:"长对正、高平齐、宽相等",这就是三视图间的投影规律,是画图和读图的依据。无论是整个物体还是物体的局部,其三面投影都必须符合这一规律。

图 2.1-16 所示的支架的三视图,就是运用上述规律画出来的。从图 2.1-16 中可以看出:将高度方向称为上、下,长度方向称为左、右,宽度方向称为前、后,则主视图确定支架上、下、左、右四个部位,俯视图确定托架前、后、左、右四个部位,左视图确定托架上、下、前、后四个部位。

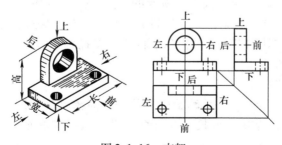

图 2.1-16　支架

4. AutoCAD"长对正、高平齐"的绘图方式

为了快速准确地作图,AutoCAD 提供了多种辅助绘图方式。下面介绍一种"长对正、高平齐"辅助绘图方式。

(1)打开对象捕捉。鼠标单击状态栏上"对象捕捉"按钮或按下【F3】键,执行对象捕捉设置,可以在对象上的精确位置指定捕捉点。对象捕捉模式的设置是在"草图设置"对话框中的"对象捕捉"页面上进行的。用鼠标右键单击状态栏中"对象捕捉"按钮,可弹出"草图设置"对话框,如图 2.1-17 所示。

图 2.1-17　"对象捕捉"页面设置

设置自动对象捕捉模式后,在绘图时当系统提示确定一点时,如果选择了某个实体,光标会自动定位到满足自动捕捉模式所确定的点上。

(2)打开对象追踪。鼠标单击状态栏上"对象追踪"按钮或按下【F2】键,打开追踪功能。使用"对象追踪"功能,可以沿着基于对象捕捉点的对齐路径进行追踪。获取点之后,当在绘图路径上移动光标时,将显示相对于获取点的水平、垂直对齐路径。"对象追踪"必须与"对象捕捉"同时使用。

(3)对象追踪方式的应用。绘制如图 2.1-18 所示的直线 *CD*,要求直线 *CD* 与已知圆 *AB* 高平齐,具体操作步骤如下。

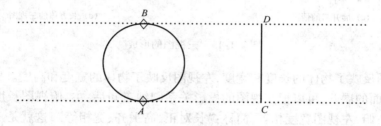

图 2.1-18　对象追踪方式的应用示例

①设置对象追踪的模式。用鼠标右键单击状态栏上的"极轴"按钮,选择快捷菜单中的"设置"命令,弹出显示"极轴追踪"选项卡的"草图设置"对话框(见图 2.1-19 所示)。在"对象捕捉追踪设置"选项区选择"仅正交追踪(L)"单选钮,单击"确定"按钮退出对话框。

②设置对象捕捉模式。用鼠标右键单击状态栏上的"对象捕捉"按钮,选择快捷菜单中的"设置"命令,弹出显示"对象捕捉"选项卡的"草图设置"对话框,选择端点、交点、延伸点、象限点等捕捉模式,单击"确定"按钮退出对话框。单击状态行上的"极轴"、"对象捕捉"、"对象追踪"按钮使其凹下,即打开极轴、固定对象捕捉和对象追踪。

③画线。

命令:(输入"直线"命令)

指定第一点:(给"*C*"点)——移动鼠标执行固定对象捕捉,捕捉到"*A*"点后,界面在通过"*A*"点处自动出现一条点状无穷长直线,此时,沿点状线向右水平移动鼠标至"*C*"点,单击鼠标左键拾取。

指定下一点或[放弃(U)]:(给"*D*"点)——移动鼠标执行对象捕捉,捕捉到"*B*"点后,

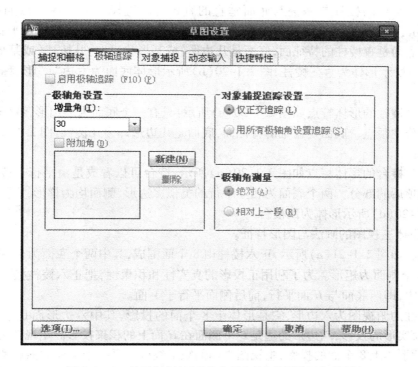

图 2.1-19　显示"极轴追踪"选项卡的"草图设置"对话框

沿通过"B"点的点状无穷长直线水平向右移动至"C"点的正上方,此时界面出现两条点状无穷长相交线,单击鼠标左键确定后即画出直线 CD。

6. 基本体的三视图

任何物体都可以看成是由一些形状规则且简单的形体组成,这样的形体称为基本体。基本体分平面立体和曲面立体两类。表面由平面所构成的形体,称为平面立体;表面中含有曲面的形体称为曲面立体。

1)平面立体的三视图

(1)平面立体的形体特点。

常见的平面立体有棱柱、棱锥、棱台。

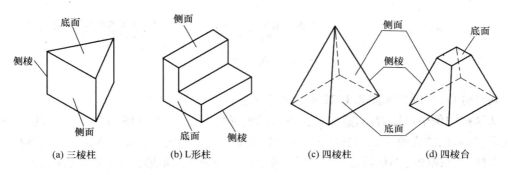

(a) 三棱柱　　　(b) L形柱　　　(c) 四棱柱　　　(d) 四棱台

图 2.1-20　平面立体的形体特点

①棱柱。常见的棱柱是侧棱与底面垂直的直棱柱。直棱柱的形体特点如图 2.1-19（a）、（b）所示：两个底面为全等且相互平行的多边形；各侧棱垂直底面并相互平行，各侧面均为矩形。底面是直棱柱的特征面，底面是几边形（或某形状）即为几棱柱（或某形柱）。如图 2.1-19（a）所示形体为直三棱柱，图 2.1-20（b）所示形体底面为六边"L"形，称 L 形柱或称直六棱柱。

②棱锥。棱锥的形体特点如图 2.1-20（c）所示：只有一个底面为多边形，各侧面均为三角形且具有公共顶点。底面是棱锥的特征面，底面是几边形即为几棱锥，图 2.1-20（c）所示形体为四棱锥。

③棱台。棱台的形体特点如图 2.1-20（d）所示：棱台可以看成是由平行于棱锥底面的平面截去锥顶后的部分。两个底面为相互平行的类似多边形，侧面均为梯形，底面是棱台特征面，图 2.1-20（d）所示形体为四棱台。

（2）平面体三视图的画法与图形特征。

①棱柱。如图 2.1-21（a）所示，正六棱柱由 8 个面围成，其中两个底面为全等且平行的正六边形，6 个侧面为矩形。为了利用正投影的真实性和积聚性，把正六棱柱摆平放正于三投影面体系中，即两底面与 H 面平行，前后侧面平行于 V 面。

该六棱柱的俯视图为六边形，它是形体上 8 个面的投影，其中六边形面是平行于 H 面的上、下底面实形的投影；六边形的边是 6 个侧面在 H 面上的积聚投影。主视图为 3 个矩形线框，它包括形体上 8 个面的投影，主视图中间的矩形线框为平行于 V 面的前后两个侧面的投影，反映实形；左右矩形线框为其余倾斜于 V 面的 4 个侧面的类似形投影；主视图中上、下边线是两个底面的积聚投影。左视图同理可自行分析。

画棱柱的三视图时，一般是先画反映棱柱底面实形的特征图，然后再根据投影规律和柱高画出其他视图。六棱柱三视图的画法步骤如图 2.1-21（b）、（c）所示。

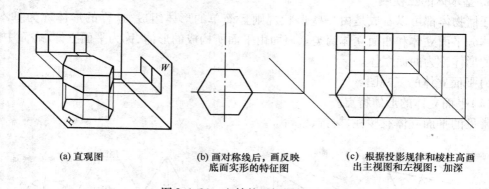

| (a) 直观图 | (b) 画对称线后，画反映底面实形的特征图 | (c) 根据投影规律和棱柱高画出主视图和左视图；加深 |

图 2.1-21　六棱柱三视图的画法

同理分析，可画出如图 2.1-22 所示各直棱柱的三视图。

从这些图例中可以看出，直棱柱三视图的图形特征是：一个视图为多边形（特征视图），是底面实形，反映直棱柱的形状特征，另两个视图都是矩形或若干并列组合的矩形线框。

直棱柱三视图的图形特征可归纳为：两个视图外轮廓为矩形，一个视图为多边形。

②棱锥。如图 2.1-23（a）所示，四棱锥由 5 个面围成，底面为四边形，4 个侧面均为三角形，四侧棱汇交于一点（即锥尖）。把四棱锥摆平放正于三投影面体系中，即底面平行于 H

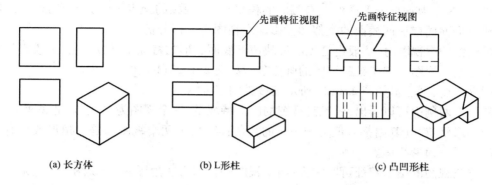

图 2.1-22　直棱柱的三视图

(a) 长方体　　　　　(b) L形柱　　　　　(c) 凸凹形柱

面,前后侧面垂直于 W 面,左右侧面垂直于 V 面。

　　该四棱锥的俯视图为含有 4 个三角形的四边形,它是特征图,特征图的四边形为底面实形,四边形内 4 个三角形是倾斜于 H 面各侧面的类似形投影,中点为锥尖的投影。主视图为三角形线框,它包括形体上 5 个面的投影,主视图中三角形底边为垂直于 V 面的底面的

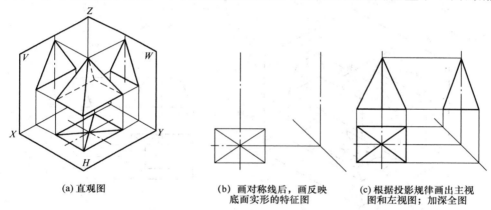

(a) 直观图　　(b) 画对称线后,画反映　　(c) 根据投影规律画出主视
　　　　　　　　底面实形的特征图　　　　图和左视图;加深全图

图 2.1-23　四棱锥三视图的画法

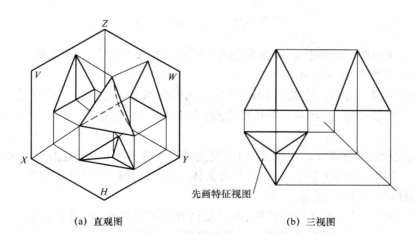

(a) 直观图　　　　　　　(b) 三视图

图 2.1-24　三棱锥的三视图

积聚投影,两腰为垂直于 V 面的左右侧面的积聚投影,两腰的交点为锥尖的投影,三角形面为倾斜于 V 面的前后两棱面的类似形投影。左视图可自行分析。

画棱锥的三视图时,一般也是先画反映棱锥底面实形的特征图,然后再根据投影规律和锥高画出其他视图。四棱锥三视图的画法步骤如图 2.1-23(b)、(c)所示。

同理分析,可画出如图 2.1-24 所示三棱锥的三视图。

从以上两例中可以看出,棱锥三视图的图形特征是:一个视图为多边形,是底面实形,反映棱锥的形状特征(其内都有汇交于一点的数条直线);另两个视图都是三角形或为有公共顶点的若干三角形线框。

棱锥三视图的图形特征可归纳为:两个视图外轮廓为三角形,一个视图为多边形。

③棱台。如图 2.1-25 所示,四棱台是四棱锥削去尖端后的部分,由 6 个面围成。其中两个底面为大小不同、相互平行的四边形,各侧面均为梯形。把四棱台放入三投影面体系中,位置同前边的四棱锥。四棱台主视图、左视图与四棱锥对比,削尖后均由三角形变成梯形,上底面在正面和侧面上的投影均积聚为水平直线,各侧面投影不变。俯视图中两个矩形是上下底面的实形投影,4 个梯形是倾斜于 H 面各侧面的类似形投影。

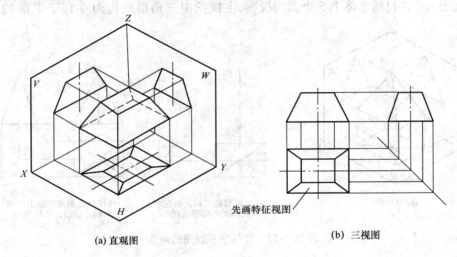

(a) 直观图　　　　　　　　　　先画特征视图　　(b) 三视图

图 2.1-25　四棱台的三视图

棱台的画法思路同四棱锥。应指出的是,画棱锥或棱台的每个视图都应先画底面(或锥尖),然后连出各侧棱得侧面。

其他棱台可同理分析。由此可得棱台三视图的图形特征是:一个视图为多边形(其内还套有一个类似多边形,并且两个多边形顶点间有连线)反映棱台的形状特征;另两个视图是梯形线框。

棱台三视图的图形特征可归纳为:两个视图外轮廓为梯形,一个视图为多边形。

(3)平面立体三视图的识读。识读平面立体三视图,就是依据平面体三视图的图形特征想象出它的立体形状的过程。

由上述可知,在平面立体三视图中,两个视图外轮廓是矩形,所表示的形体一定是柱体,对应的多边形是什么形状就是什么棱柱;两个视图外轮廓是三角形,所表示的形体一定是锥体,对应的多边形是几边形就是几棱锥;两个视图外轮廓是梯形,所表示的形体一定是台体,对应的多边形是几边形就是几棱台。无论是完整的还是部分的平面体的三视图都具有此图形特征。

【例 2.1-1】 识读图 2.1-26 所示平面体的三视图。

分析：

如图 2.1-26(a)所示的三视图，左视图和俯视图两个视图为矩形，一定是柱体，特征图主视图为凸字形(底面实形)，可知该形体是前后底面为凸字形的"凸形柱"，立体形状如图 2.1-27(a)所示。

如图 2.1-26(b)所示的三视图，主视图和俯视图两个视图都是三角形，一定是锥体，特征图左视图为四边形，可知该形体是锥尖向左，底面平行于 W 面的四棱锥，立体形状如图 2.1-27(b)所示。

如图 2.1-26(c)所示的三视图，有两个视图为梯形，一定是台体，特征图是 1/2 四棱台底面形状。可知该形体为左半四棱台，立体形状如图 2.1-27(c)所示。

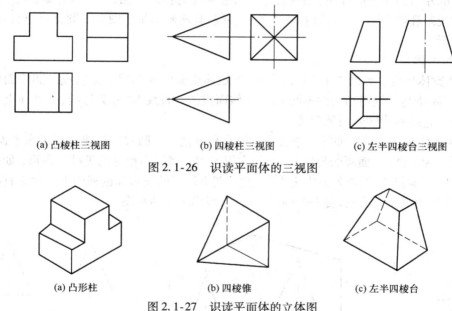

(a) 凸棱柱三视图　　　　　(b) 四棱柱三视图　　　　　(c) 左半四棱台三视图

图 2.1-26　识读平面体的三视图

(a) 凸形柱　　　　　(b) 四棱锥　　　　　(c) 左半四棱台

图 2.1-27　识读平面体的立体图

2)曲面立体的三视图

常见的曲面立体如圆柱、圆锥、圆台、球等，它们的特点是有光滑、连续的曲面，不像平面立体那样有明显的棱线。在画图和看图时，要抓住曲面立体的特殊本质，即曲面的形成规律和曲面轮廓的投影。

(1)圆柱体。

①圆柱体形成。如图 2.1-28(a)所示，圆柱体是由圆柱面和上、下两端面(平面)所组成。圆柱面可以看成由直线 AA_1 绕与它平行的轴线 OO' 旋转而成。直线 AA_1 称为母线，圆柱面上与轴线平行的任一直线称为圆柱面的素线。

②圆柱体的画法。如图 2.1-28(b)、(c)所示，当圆柱的轴线垂直于水平面时，圆柱体的俯视图积聚成一个圆，另两个视图为形状相同的矩形线框。线框的上下两边分别为圆柱体上下端面的投影。主视图上矩形的左右两边是圆柱面上最左、最右两条素线的投影，而左视

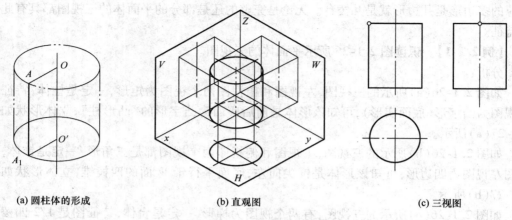

(a) 圆柱体的形成　　　　　　(b) 直观图　　　　　　(c) 三视图

图 2.1-28　圆柱的三视图

图上矩形的左右两边是圆柱面上最后、最前两条素线的投影。画图时,首先画出主、左视图上轴线的投影和俯视图上一对互相垂直的中心线,其次画出俯视图上的圆,最后画其余两视图上的矩形。

（2）圆锥体。

① 圆锥体形成。如图 2.1-29(a) 所示,圆锥体由圆锥面和底平面组成。圆锥面可以看成是直线 SA 绕与其倾斜相交的轴线 OO_1 旋转而成的。直线 SA 称为母线,圆锥面上通过锥顶 S 的任一直线称为圆锥面的素线。

② 圆锥体画法。圆锥面的三个投影都没有积聚性。当圆锥的轴线垂直于水平面时,圆锥的俯视图为一圆(底面圆的投影)。它的主视图和左视图为相同的等腰三角形,如图 2.1-29(c)所示。画圆锥时,首先画出主视图、左视图上轴线的投影和俯视图上一对垂直的中心线,其次画出俯视图上的圆,再根据圆锥的高度,画出其他两视图。

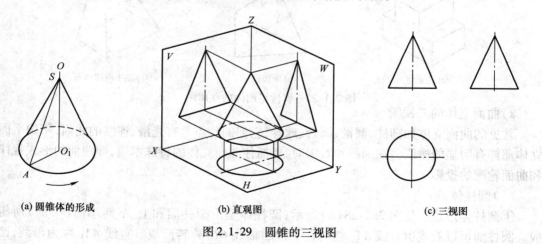

(a) 圆锥体的形成　　　　　　(b) 直观图　　　　　　(c) 三视图

图 2.1-29　圆锥的三视图

（3）圆台。

圆台是圆锥削去尖端后的部分(平行底面削尖),圆台的三视图如图 2.1-30 所示。

圆台三视图的图形特征是:两个视图为梯形,一个视图为圆。

（4）圆球。

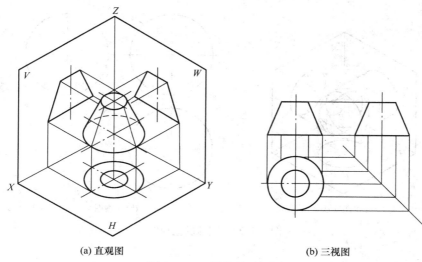

(a) 直观图　　　　　　　　　　　(b) 三视图

图 2.1-30　圆台的三视图

①圆球形成。如图 2.1-31 所示,球面可以看做是一圆母线绕通过圆心的轴线(直径)旋转而成。

圆球面上的所有纬圆都垂直于球的直径;圆球表面没有直线。

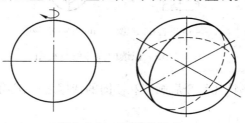

图 2.1-31　圆球的形成

②圆球画法。如图 2.1-32 所示,球的三个视图均为圆,其直径和球的直径相同。这三个圆不是球上某一个圆的三个投影,而是从三个不同的方向上球的最外素线 A、B、C 的投影。

(5)曲面立体三视图的识读。

曲面立体三视图的读图依据是曲面体三视图的图形特征。无论是完整还是部分曲面体的三视图都具有上述的图形特征。

【例 2.1-2】　识读图 2.1-33 所示曲面立体的三视图。

分析:

如图 2.1-33(a)所示的三视图,主视图和俯视图两个视图为矩形,是柱体。特征图左视图是圆,可知该形体是轴线垂直于 W 面的圆柱。同理可分析,图 2.1-33(b)所示形体是半圆柱,轴线垂直于 V 面。

如图 2.1-33(c)所示的三视图,主视图和左视图都是梯形,俯视图是特征图为前半圆,可知该形体为前半圆台。

如图 2.1-33(d)所示的三视图是直径相等的 3 个圆形线框,但俯视图、左视图为半圆,是前半部,可知该形体是前半圆球。

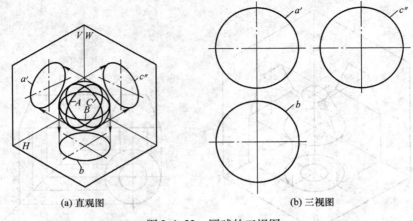

（a）直观图　　　　　　　　　　　　（b）三视图

图 2.1-32　圆球的三视图

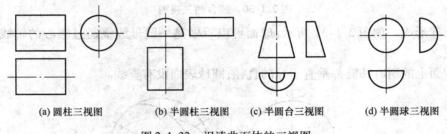

（a）圆柱三视图　　　（b）半圆柱三视图　　　（c）半圆台三视图　　　（d）半圆球三视图

图 2.1-33　识读曲面体的三视图

基本体三视图的图形特征是今后画图和读图的依据之一，必须熟记。

7. 简单体的三视图

由较少的基本体进行简单叠加或切割而形成的立体称简单体。

1）组合柱

图 2.1-34（a）所示的物体是由两个半圆柱和一个四棱柱叠加而成，它也有两个全等且平行的底面，这种简单体称为组合柱。组合柱三视图的画法思路与圆柱相同，作图步骤如图 2-32（b）、（c）所示。

组合柱有与柱体类同的图形特征：两个视图为矩形，一个视图为组合线框。

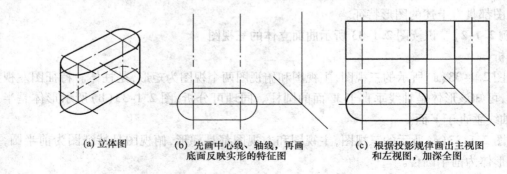

（a）立体图　　　（b）先画中心线、轴线，再画　　　（c）根据投影规律画出主视图
　　　　　　　　　　底面反映实形的特征图　　　　　　和左视图，加深全图

图 2.1-34　组合柱的三视图

2）简单体三视图的画法

【例2.1-3】　画出如图2.1-35（a）所示物体的三视图。

分析：

该物体由左、右两部分叠加组成，左边是圆柱，右边是六棱柱。

学习了基本体后，画叠加式简单体的三视图就要一个基本体一个基本体地画，作图步骤如图2.1-35（b）、（c）所示。

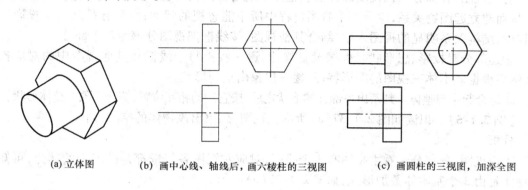

(a) 立体图　　　　(b) 画中心线、轴线后，画六棱柱的三视图　　　　(c) 画圆柱的三视图，加深全图

图2.1-35　叠加式简单体三视图的画法示例

【例2.1-4】　画出如图2.1-36所示物体的三视图。

分析：

该物体是切割式，原体（没切割时的基本体称原体）是凹形柱，在左右两边挖了两个对称的圆柱通孔。

学习了基本体后，画切割式简单体的三视图就要先画原体，再画切割部分，作图步骤如图2.1-36（b）、（c）所示。

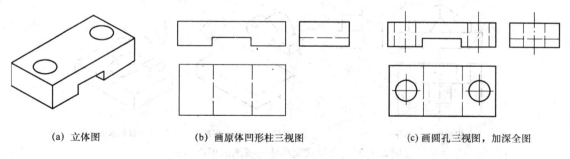

(a) 立体图　　　　(b) 画原体凹形柱三视图　　　　(c) 画圆孔三视图，加深全图

图2.1-36　切割式简单体三视图的画法示例

3）简单体三视图的识读

读图是根据物体的视图想象物体空间形状的思维过程。要学会读图就应熟悉读图依据，掌握读图方法，反复实践。

（1）读图的基本依据。

①三视图的投影规律。因为画图时每一部分都是按投影规律画出的，所以读图时就应根据投影规律找出每一部分在三视图中的投影范围。

②基本体三视图的图形特征。熟记基本体三视图的图形特征就能迅速看懂每一部分的

形状。

　　③三视图与空间物体的对应关系。掌握三视图与空间物体的对应关系就能判定各部分的相对位置。

　　(2)形体分析读图法。

　　形体分析读图法的要点就是一部分、一部分地分析,具体读图步骤如下。

　　①识视图、分部分。识视图即弄清各视图的观看方向,各视图与空间物体之间的方位关系,从而建立起图物关系,这是整个看图过程中所不能忽视的问题;分部分是从一个投影重叠较少,结构关系明显的视图入手,结合其他视图,按线框把视图分解为若干部分。

　　②逐部分对投影、想形状。根据投影规律,逐一找出每个线框在其他视图中的对应投影,然后根据基本体三视图的图形特征,逐一想象出空间形状。

　　③综合起来想整体。判断出各部分的形状之后,按它们的相互位置,综合想象出整体形状。

　　【例 2.1-5】 识读如图 2.1-37(a)所示三视图,想象出该物体的空间形状。

　　分析:

　　①识视图、分部分。看主视图有 3 个线框,对应左视图各线框都是凸出来的部分,可知该物体是由 3 个基本体叠加形成,如图 2.1-37(a)所示。

　　②分部分对投影、想形状。先看主视图第"1"部分矩形线框,根据投影规律对应俯视图和左视图,该部分的投影都是矩形线框,由基本体三视图图形特征可判定该部分形体是长方体;同理分析第"2"部分组合线框,对应两个矩形线框,形体为组合柱;看第"3"部分三角形线框,对应两个矩形线框,形体为三棱柱,如图 2.1-37(b)所示。

　　③综合起来想整体。由主视图可看出,组合柱和三棱柱均在长方体之上,并左右居中,由左视图可看出,组合柱在后,三棱柱在前,组合柱与长方体后边对齐,整体形状如图 2.1-37(c)所示。

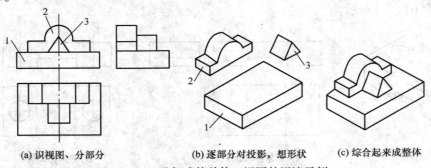

(a) 识视图、分部分　　　　　　(b) 逐部分对投影,想形状　　　　(c) 综合起来成整体

图 2.1-37　叠加式简单体三视图的识读示例

　　【例 2.1-6】 识读如图 2.1-38(a)所示三视图,想象出该物体的空间形状。

　　分析:

　　①识视图、分部分。先识视图后分部分,看 3 个视图中的小线框都套在大线框内,可以判定该物体是由基本体切割形成。分部分时,应先把原体分为一部分,然后再分切割处。各视图中大线框就是原体的投影,分为第"1"部分,另有切割两处,共分三部分,如图 2.1-38(a)所示。

　　②分部分对投影、想形状;综合起来成整体。先看第"1"部分原体,三视图均为矩形是长方体,如图 2.1-38(b)所示;看第"2"部分三角形线框,对应两个矩形线框,即在原体的左

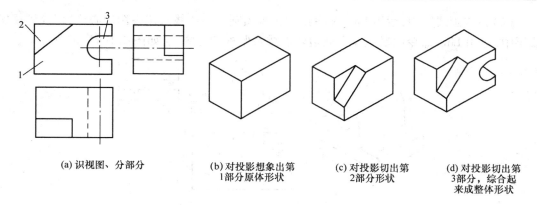

(a) 识视图、分部分　　　(b) 对投影想象出第　　(c) 对投影切出第　　(d) 对投影切出第
　　　　　　　　　　　　　1部分原体形状　　　　2部分形状　　　　　3部分，综合起
　　　　　　　　　　　　　　　　　　　　　　　　　　　　　　　　　来成整体形状

图 2.1-38　切割式简单体三视图的识读示例

上前角切去了一个三棱柱，如图 2.1-38(c)所示；看第"3"部分 U 形线框，对应两个矩形线框，即在原体的右边上下正中挖了一个 U 形通槽，综合起来即为整体，如图 2.1-38(d)所示。

　　（3）练习读图的方法。

　　根据两面视图补画第三视图，简称补视图，是一种常用的练习读图的方法，它不仅练习读图，同时也练习画图。

【例 2.1-7】　识读如图 2.1-39(a)所示两面视图，想象出该物体的空间形状并补画第三视图。

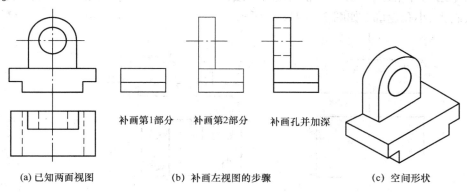

补画第1部分　　补画第2部分　　　补画孔并加深

(a) 已知两面视图　　　　(b) 补画左视图的步骤　　　　(c) 空间形状

图 2.1-39　补视图示例

分析：

　　补视图前应首先根据已给的两面视图，按照前面所述的读图方法想象出物体的形状。该物体由凸形柱和 U 形组合柱两部分叠加，在 U 形组合柱上挖了一个圆柱通孔，形状如图 2.1-39(c)所示。

　　根据投影规律，按照前面所述的画图思路，补出第三视图，作图步骤如图 2.1-39(b)所示。

　　4）用 AutoCAD 绘制简单体的三视图

　　下面以图 2.1-40 为例，来介绍如何在 AutoCAD 中绘制三视图，绘图步骤如下。

　　（1）运用 Limits 命令设置图纸界限及运用 Layer 命令设置图层（本图中建议设置三个层：粗实线层、点画线层和虚线层）。

（2）在点画线层中，运用 Line 命令绘制主视图圆的中心线及俯视图中心线；切换到粗实线层中，运用 Line 命令绘制主视图底边轮廓线及俯视图轮廓线，如图 2.1-41（a）所示。

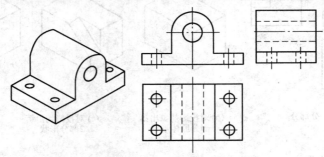

图 2.1-40　三视图绘制示例

（3）在粗实线层中，运用 Circle 命令绘制主视图大小圆 1、2；运用 Line 命令绘制底座轮廓，确定俯视图两边底座尺寸和内孔尺寸；切换到虚线层中绘制内孔轮廓，如图 2.1-41（b）所示。

（4）在粗实线层中，运用 Circle 命令绘制俯视图中四个小圆并确定其在主视图中的位置；切换到虚线层中运用 Circle 命令绘制小孔轮廓；切换到点画线层中，运用 Line 命令绘制小孔中心线，如图 2.1-41（c）所示。

（5）运用 Trim 命令修剪多余线条；通过主、俯视图确定左视图形状，在粗实线层中运用 Line 命令绘制各轮廓线；切换到点画线层中绘制大、小孔中心线；切换到虚线层中运用 Line 命令绘制大、小孔轮廓，如图 2.1-41（d）所示。

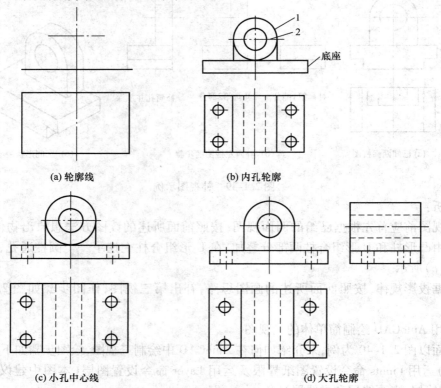

(a) 轮廓线　　　　　(b) 内孔轮廓

(c) 小孔中心线　　　　　(d) 大孔轮廓

图 2.1-41　AutoCAD 绘制简三视图的步骤

8. 三视图的第三角投影法

1）第三角投影法简介

世界各国的工程图样有两种体系，即第一角投影法（又称"第一角画法"）和第三角投影法（又称"第三角画法"）。中国、英国、德国和俄罗斯等国家采用第一角投影，美国、日本、新加坡等国家采用第三角投影。

第一角投影法所得的图样就是第一角视图，第三角投影法所得的图样就是第三角视图。

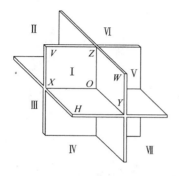

图 2.1-42　八个分角

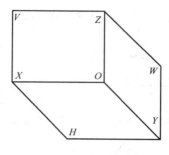

图 2.1-43　第 I 分角

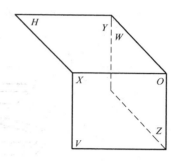

图 2.1-44　第 III 分角

如图 2.1-42 所示，三个相互垂直的投影面 V、H 和 W，将空间分成八个部分，每个部分称为分角，其编号如图 2.1-42 所示。第 I 分角如图 2.1-43 所示，第 III 分角如图 2.1-44 所示。

图 2.1-45（a）是将物体放在第 I 分角进行投射，在三个投影面（V、H、W 面）上分别得到物体的主视图、俯视图和左视图。图 2.1-45（b）则将同一物体放在第 III 分角进行投射，在三个投影面上同样得到物体的三视图。不同的是，由前向后看在 V 面上得到的视图称为前视图，由上向下看在 H 面上得到的视图称为顶视图，由右向左看在 W 面上得到的视图称为右视图。

第三角投影法的各投影面展开时，同第一角投影法相同，规定 V 面不动（即前视图不动），将其他投影面旋转到与 V 面成一个平面，旋转方向如图 2.1-45（b）所示。展开后顶视图位于前视图的上方，右视图位于前视图的右方。

2）第三角投影法与第一角投影法的异同

用第三角投影法绘制的视图与第一角投影法绘制的视图间有许多相同和不同之处，主要有以下几点。

（1）两种投影法的相同之处。

①用两种投影法绘制的视图都是在三个互相垂直的投影面上进行正投影得到的。

②展开投影面时，都规定 V 面不动，将 H 面、W 面旋转到与 V 面成一个平面，所以第三角投影中各视图之间仍保持"长对正，高平齐，宽相等"的投影规律。

（2）两种投影法的不同之处。

①第一角投影法是将物体放在观察者与投影面之间，保持人—物—图之间的关系。第三角投影法是将投影面放在观察者与物体之间，保持人—图—物之间的关系，并假想投影面是透明的，视图是观察者通过透明投影面看物体而得到的。

②两种投影法的视图名称和配置不同，如图 2.1-46 所示，从物体的三个方向进行投射，

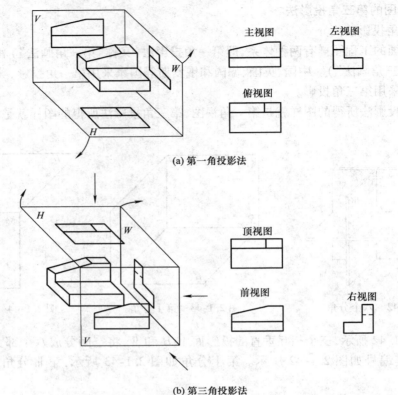

主视图　　　　　左视图

俯视图

(a) 第一角投影法

顶视图

前视图　　　　　右视图

(b) 第三角投影法

图 2.1-45　两种投影法

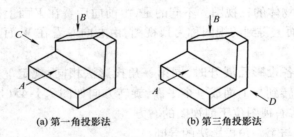

(a) 第一角投影法　　　(b) 第三角投影法

图 2.1-46　视图的投射方向

可得到三个视图,在第一角投影法和第三角投影法中,这三个视图的名称及配置不同,表 2.1-5 中列出了两种投影法的三视图名称及配置。

表 2.1-5　第一角与第三角三视图的名称及配置

图示投影方向	第一角投影		第三角投影	
	名称	配置	名称	配置
A 向	主视图	—	前视图	—
B 向	俯视图	位于主视图下方	顶视图	位于前视图上方
C 向	左视图	位于主视图右方	—	—
D 向	—	—	右视图	位于前视图右方

③两种投影法所得的视图在表示物体前后位置关系上是相反的,如第一角投影中,俯视图的下方和左视图的右方都表示物体的前面,而第三角投影中,顶视图的下方和右视图的左方表示物体的前面。

另外,两种投影法之间是有对应关系的,如图2.1-47(a)所示组合体的三视图是用第一角投影法绘制的,如果将图中的主视图作为前视图,将俯视图放到前视图上方,画一右视图(从右向左看得到的视图)放到前视图的右方,就可得到如图2.1-47(b)所示的第三角投影的三视图了。因此只要熟练掌握了第一角投影法,便不难掌握和看懂第三角投影法的视图了。

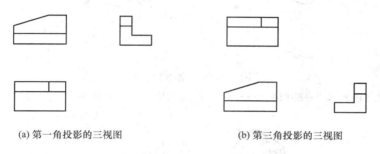

(a) 第一角投影的三视图　　　　　　　　(b) 第三角投影的三视图

图 2.1-47　两种投影法之间的对应关系

在国际标准中,为区别两种画法,规定了两种画法的标记符号,如图2.1-48 所示。

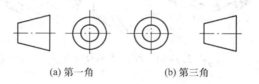

(a) 第一角　　　　　(b) 第三角

图 2.1-48　两种投影法的标记符号

2.1.3　组合体视图

1. 组合体的概念

由两个或两个以上基本体所组成的类似机器零件的形体,称为组合体。它是一个整体,并非积木式拼凑起来的,如图2.1-49 所示。

组合体可以理解为是把零件进行必要的简化,将零件看做由若干个基本几何体组成。所以学习组合体的投影作图为零件图的绘制提供了基本的方法,即形体分析法。学习组合体的投影作图为零件图奠定重要的基础。

2. 组合体的组合形式

1)叠加形式

图 2.1-50 所示的物体都是由几个形体经过叠加而形成的组合体。图2.1-49 由圆柱体与六棱柱叠加而成;图2.1-50 由空心圆柱1、支撑板2 和底板3 叠加而成。

2)截切形式

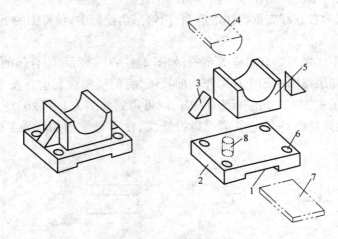

图 2.1-49　物体的形成

1—四棱柱槽　2、7—四棱柱　3—三棱柱　4—半圆柱　5—开槽四棱柱　6—圆孔　8—圆柱

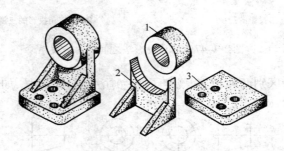

图 2.1-50　组合体的叠加形式

图 2.1-51 所示的物体都是一个物体被几个平面或曲面截切而形成的组合体。图 2.1-51(a)为一个圆柱体的上方切去一块,图 2.1-51(b)为一个四棱柱被切去两个三棱柱和一个圆柱体。

由于叠加或截切,在相邻两形体表面产生的相对位置大致有三种情况:共面,相切,相交,如表 2.1-6 所示。

(1)共面——相邻两形体表面互相平齐,两表面结合处无界线。

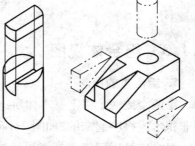

(a) 圆柱体的截切　　(b) 四棱柱的截切

图 2.1-51　组合体的截切形式

(2)相切——相邻两形体表面相切,平面与曲面光滑过渡,两表面相切处不画线。

(3)相交——相邻两形体表面相交,两表面相交处要画交线。

表 2.1-6　相邻两形体的相对位置

3）相贯形式

图 2.1-52 所示的物体是由两个或两个以上的曲面立体相交而形成的组合体。两个曲面立体相交产生特殊的交线，称为相贯线。相贯线是两个曲面立体表面的共有线，也是两个曲面立体表面的分界线。

表 2.1-7 是常见的几种曲面立体相贯的投影图。

3. 组合体的看图方法

如何看懂组合体的三视图并想出它的空间形状，这是一个由平面到空间的过程，需要运用前面学过的方法和规律。

1）一个视图不能确定物体的形状

视图是采用正投影原理画出来的，每一个视图只能表达物体一个方向的形状，而不能反映物体的全貌，所以看图的时候必须几个视图联系起来看。

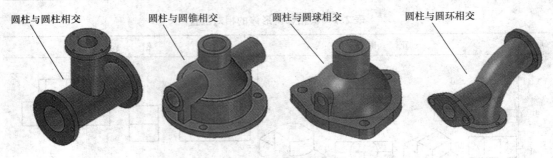

圆柱与圆柱相交　　圆柱与圆锥相交　　圆柱与圆球相交　　圆柱与圆环相交

图 2.1-52　组合体的相贯形式

表 2.1-7　常见的几种曲面立体相贯的投影图

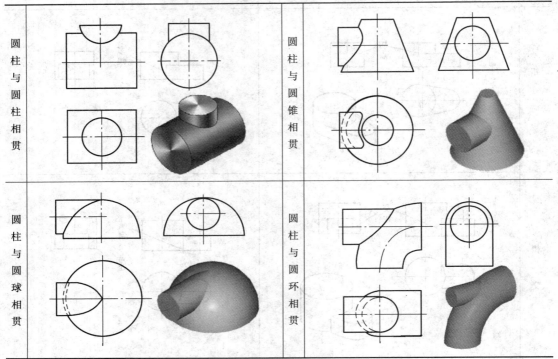

圆柱与圆柱相贯

圆柱与圆锥相贯

圆柱与圆球相贯

圆柱与圆环相贯

　　图 2.1-53 为 6 个物体的立体图,这六个物体从 S 方向进行投射得到的都是如图左上方所示的完全相同的视图,因而说明单凭物体的一个视图不能确定物体的空间形状。

　　图 2.1-54 给出了 1~6 物体的立体图及其三视图,可以看出这 6 个不同物体的俯视图和左视图都是一样的,因而说明有时两个视图也不能确定物体的空间形状。

　　2)形体分析法

　　所谓形体分析法,就是分析组合体是由哪些基本形体组合而成的,逐一找出每个基本形体的投影,想清楚它们的空间形状,再根据基本形体的组合方式和各形体之间的相对位进行分析。

　　【例 2.1-8】　对图 2.1-55 所示的物体进行形体分析。

　　图示物体可看做是由一个基本形体进行三次截切而形成的,形成过程如下。

　　(1)截切前,根据物体总的长、宽、高,可看做是图 2.1-56(a)所示的长方体。

　　(2)在长方体的左、右两侧各切去一个相同的小长方体,如图 2.1-56(b)所示。

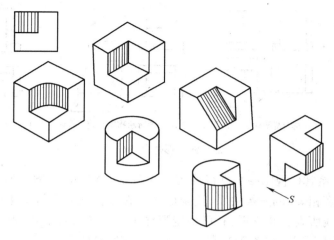

图 2.1-53　一个视图相同的物体

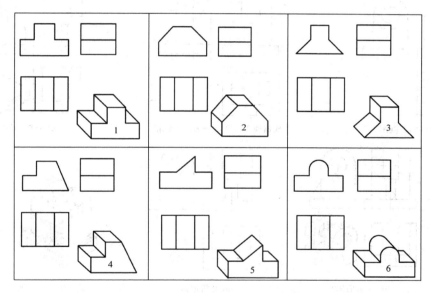

图 2.1-54　两个视图相同的物体

（3）在图 2.1－56（b）所示物体的前方上方用一斜面切去一个三棱柱，如图 2.1-56（c）所示。

（4）在图 2.1－56（c）所示物体的前方中间再切去一个小长方体（注意小长方体与斜面之间将产生截交线），即得到如图 2.1-56（d）所示的物体的三视图和立体图。

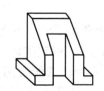

图 2.1-55　形体分析（一）

【例 2.1-9】　根据图 2.1-57（a）所示的三视图，想象出组合体的空间形状。

首先从最能反映组合体形状特征的主视图入手，将主视图中封闭线框分成 3 个独立部分，如图 2.1-57（b）中的 1、2、3。

但是物体每一部分的形状和位置特征，不可能全部集中在一个主视图中表达出来，所以

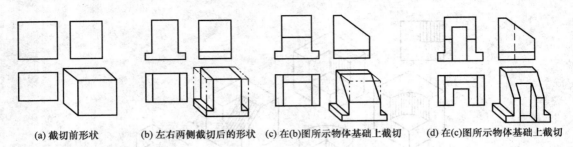

(a) 截切前形状　(b) 左右两侧截切后的形状　(c) 在(b)图所示物体基础上截切　(d) 在(c)图所示物体基础上截切

图 2.1-56　形体分析(二)

要根据投影关系联系其他视图一起进行分析。从图 2.1-57(b)形体 1 的主视图人手,根据"长对正,高平齐,宽相等"的三等关系,找到形体 1 在俯视图和左视图上的相应投影,如图 2.1-57(c)中粗实线所表示的三视图,可确定形体 1 为一长方体。用同样的方法可以判定形体 2、形体 3 的空间形状,如图 2.1-57(d)、图 2.1-57(e)所示。

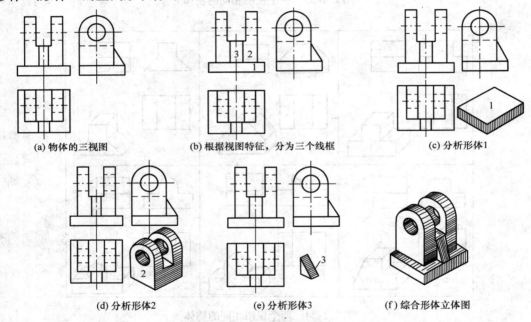

(a) 物体的三视图　　　(b) 根据视图特征,分为三个线框　　　(c) 分析形体1

(d) 分析形体2　　　(e) 分析形体3　　　(f) 综合形体立体图

图 2.1-57　组合体的看图过程

　　想象出了物体的各部分形状后,还要根据各部分之间的相对位置和组成方式(截切或叠加),才能确定整体的形状。在主视图上可以看出形体 2 和形体 3 都位于形体 1 的上方中间,在左视图或俯视图上可以看出,形体 2 与形体 1 的后端面共面,形体 3 在形体 2 的前面。由此就可以得到如图 2.1-57(f)所示的物体。

　　3)利用线、面分析法辅助看图

　　线面分析指的是对于物体上那些投影重叠或位置倾斜而不易看懂的局部形状,可以利用直线和平面的投影特性去加以分析。

　　在进行线、面分析的时候,常要用到以下一些投影特性。

　　(1)投影图上每一条线可能是一个平面的投影,也可能是两个平面的交线或曲面的轮廓线。如图 2.1-58 的主视图中,a' 直线为四棱锥台顶面 A 的投影,俯视图中的 b 直线为四棱锥台的两个棱锥面的交线 B 的投影。

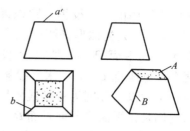

图 2.1-58　投影线的投影分析

（2）投影图上每一封闭线框一般情况下代表一个面的投影,也可能是一个孔的投影。如图 2.1-59 的主视图中,封闭线框 a' 代表物体的最前面 A,俯视图中的封闭线框 b 则为物体中 B 孔的投影。

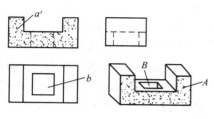

图 2.1-59　一个封闭线框的投影分析

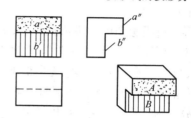

图 2.1-60　相邻两个封闭线框的投影分析

（3）投影图中相邻两个封闭线框一般表示两个面,这两个面必定有上下、左右、前后之分,同一面内无分界线。如图 2.1-60 的主视图中有两个封闭线框,代表了物体的两个平面,从左视图可以区别这两平面的前后位置,即 A 平面在前,B 平面在后。

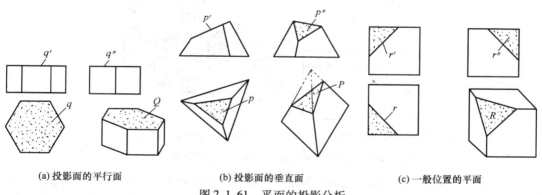

(a) 投影面的平行面　　　　　(b) 投影面的垂直面　　　　　(c) 一般位置的平面

图 2.1-61　平面的投影分析

（4）在平面的投影中,当一个视图为封闭线框,另两个视图为直线时,此平面一定平行于视图为封闭线框的那个投影面,封闭线框代表平面的实形。如图 2.1-61(a) 中的 Q 平面,俯视图为一六边形,主、左视图为直线,可判断出 Q 平面为水平面,俯视图中的六边形为 Q 平面的实形;当平面的两个视图为封闭线框,另一个视图为直线时,此平面一定垂直于视图为直线的那个投影面,两个封闭线框均为平面的类似形。如图 2.1-61(b) 中的 P 平面,主视图为一直线,俯视图与左视图都是三角形,可判断出 P 平面垂直于正面,俯视图及左视图中的封闭线框声和 p' 都是 P 平面的类似形;当三个视图都为封闭线框时,平面一定与三个投影面倾斜,三个封闭线框均为平面的类似形。如图 2.1-61(c) 中的 R 平面,它在三个视图上的投影 r'、r、r'' 均为平面 R 的类似形。

【例 2.1-10】　根据图 2.1-62(a) 所示两面投影图,想象物体的空间形状。

根据所给投影图,首先分析图中的可见线框。水平投影中有两个可见线框 a、b,它们在正面投影中的对应投影分别积聚为两横线 a' 与 b'（无类似形必积聚），它们是水平面 A 与平面 B。同理，正面投影中的两个可见线框 C'、d' 在水平投影中的对应积聚性投影分别为一横线 c 与一斜线 d，它们是正平面 C 与前垂面 D。上述 A、B、C、D 各面的空间形状，如图 2.1-62（b）所示。

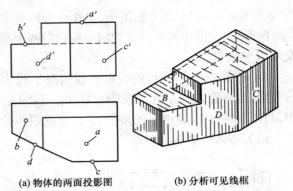

(a) 物体的两面投影图　　　　(b) 分析可见线框

图 2.1-62　根据两面投影想象物体空间形状

　　再分析投影图中的不可见线框，见图 2.1-63（a）所示。水平投影外围轮廓所示不可见线框 e 在正面投影中无类似形，对应投影积聚为横线 e'，故 E 为一水平底面。正面投影外围轮廓被一虚线分为 f' 和 g' 两个不可见矩形线框，它们在图中的对应投影分别积聚为两横线 f 与 g，故为两正平面。由此可以想象出它们的空间形状，如图 2.1-63（b）中 E、F、G 三个平面。把它们和 A、B、C、D 面合起来，加上自左至右三个侧平面，就构成了该物体的空间形状，见图 2.1-63（b）。

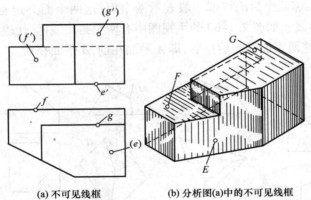

(a) 不可见线框　　　　(b) 分析图(a)中的不可见线框

图 2.1-63　根据不可见线框两视图想象空间物体形状

　　当具备一定的读图能力后，也可以先根据已知视图直接想象出物体的一个初步形状，然后与投影图对照，可能局部与图不符，对不符合的部分作线面分析，按分析所得结果对所想物体形状再进行构思，最后与视图对照检查，直至完全一致。

4. 组合体的画法

画组合体三视图，一般按照形体分析、确定主视图和画图三步进行。

1）形体分析

画组合体三视图之前，应对组合体进行形体分析。首先分析所要表达的组合体是属于哪一种（切割、叠加、相贯、综合）组合形式，由几部分组成；然后分析各部分之间的表面连接关系，从而对所要表达的组合体的形体特点有个总的概念，为画图做好准备。

2）确定主视图

确定主视图包括确定组合体的放置位置与选择主视图的投射方向两个问题。

（1）确定组合体的放置位置。

一般是将组合体的主要表面或主要轴线放置成与投影面平行或垂直的位置。

（2）选择主视图的投射方向。

选择主视图的投射方向时，应使主视图尽可能多地反映组合体的形状特征及各组成部分的相对位置。另外，考虑到合理利用图纸，应使它的长方向平行于正投影面；考虑到图形清晰便于看图，应使其他视图呈现的虚线最少。

3）画图

（1）选定比例、确定图幅。视图选择后，应根据组合体的大小和复杂程度，根据三视图所占的面积，考虑标注尺寸的地方，按制图标准规定选择适当的比例和图幅。选择原则为：图中的图线疏密适当，表达清楚。

（2）布置视图的位置。布置视图就是在适当的位置画出各视图的基准线，使各视图的位置在图纸上确定下来。布图应使各视图均匀布局，不能偏向某边；各视图之间要留有适当的空间，以便于标注尺寸。基准线一般选用对称线、较大的平面或较大圆的中心线和轴线，基准线是画图和量取尺寸的起始线。

（3）画底稿。用形体分析法画图是一部分、一部分地画，画图时应注意每部分三视图间都必须符合投影规律，注意各部分之间表面连接处的画法。

（4）检查、完善。底稿图画完后，应对照立体检查各图是否有缺少或多余的图线，改正错处，最后完成全图。

【例2.1-11】　画出图2.1-64（a）所示支架的三视图。

作图：

①形体分析。如图2.1-64（b）所示，支架由圆筒、支承板、加强肋以及底板组成。任选一个部分为基准，决定其他部分相对于这个部分的位置关系。如以底板为基准，判别圆筒、支承板和加强筋相对于底板的上下、左右和前后的相对位置和表面连接关系。这是在画组合体三视图时确定各个组成部分投影位置的重要依据。

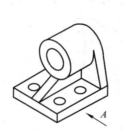

图2.1-64　支架图示及分解图

②视图选择。如图2.1-64（a）所示，支架放置位置是底面放水平，并使主要轴线、对称线垂直投影面；箭头所指投射方向能较多地反映支架的形状特征及相对位置，选该方向为主视图的投射方向。主视图确定后，俯视图和左视图的投射方向也就确定了。

③绘图步骤。选定比例、确定图幅。首先布置视图，画出各图基准线，如图2.1-65（a）所示，然后画底稿，先画主要部分（一般为较大形体），最后检查、完善。其具体画图步骤如图2.1-65（b）至图2.1-65（f）所示。

5. 组合体的尺寸标注

视图只能表示物体的形状，其真实大小及各部分之间的相对位置，则要由尺寸来确定。

1）尺寸标注

按照国家标准规定，标注一个完整的尺寸，一般应由尺寸线、尺寸界线、尺寸数字和箭头四个部分组成，其标注方法如图2.1-66所示。

（1）尺寸标注的基本规定。

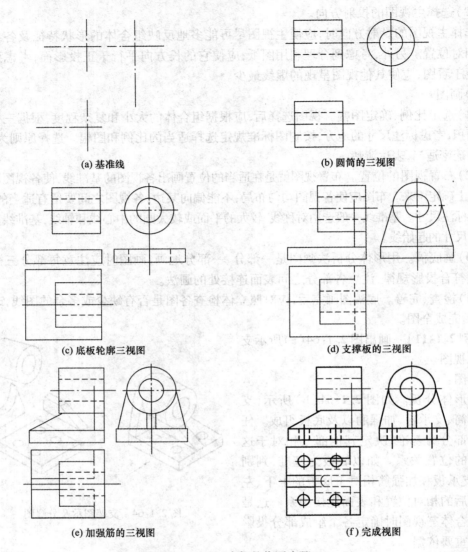

(a) 基准线　　　　　　　　　(b) 圆筒的三视图

(c) 底板轮廓三视图　　　　　　　(d) 支撑板的三视图

(e) 加强筋的三视图　　　　　　　(f) 完成视图

图 2.1-65　支架的作图步骤

尺寸标注的基本规定如下。

①机件的真实大小应以图样上所标注的尺寸数值为依据,与图形的大小及绘图的准确度无关。

②图样中的尺寸以 mm 为单位时,不需标注计量单位的代号或名称,若采取其他单位,则必须标注。

③图样中所注的尺寸,为该图样的最后完工尺寸。

④机件上的每一个尺寸,一般只标注一次,并应标在反映该结构最清晰的图形上。

⑤图样上所注尺寸必须完整、清晰、正确。

(2)尺寸线和尺寸界线。

尺寸线和尺寸界线的规定如下。

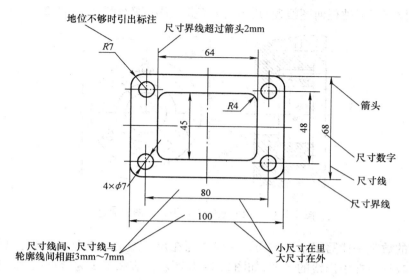

图 2.1-66　尺寸的组成及标注

①尺寸线和尺寸界线均以细实线画出。

②线性尺寸的尺寸线应平行于所表示的长度(或距离)的线段,如图 2.1-66 所示。

③图形的轮廓线、轴线、对称中心线或它们的延长线,可用做尺寸界线,但不能用做尺寸线,如图 2.1-66 所示。

④尺寸界线一般应与尺寸线垂直。

⑤尺寸线的终端常用的是箭头。箭头表明尺寸的起、止位置,其尖端应与尺寸界线相交,箭头的尺寸如图 2.1-67 所示,其中 d 为图样粗实线的宽度。

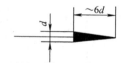

图 2.1-67　箭头终端画法

(3)尺寸数字的规定。

尺寸数字的规定如下。

①尺寸数字的方向应按图所示方式标注,并尽量避免在图示 30°范围内标注尺寸,无法避免时,可按图 2.1-68 的方式标注。

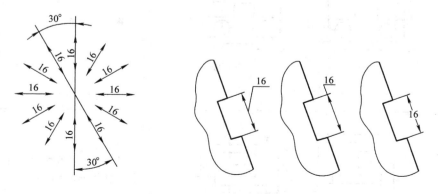

图 2.1-68　尺寸数字的注写方向

②尺寸数字不可被任何图线通过,不可避免时,需把图线断开,如图2.1-69所示。

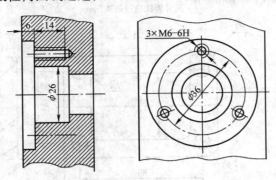

图2.1-69　尺寸数字不可被任何图线通过

③角度的数字一律写成水平方向。一般注写在尺寸线的中断处,必要时也可注写在尺寸线的附近或注写在引出线的上方,如图2.1-70所示。表2.1-8为常见尺寸注法。

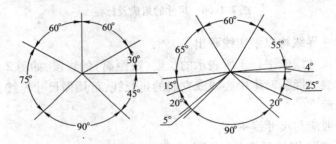

图2.1-70　角度数字的注写位置

表2.1-8　常见尺寸注法

图　例		说　明
直线尺寸的注法	(a)好　　　　(b)不好	链式尺寸,箭头应对齐
	(a)正确　　　(b)不正确	并列尺寸,小在内,大在外,尺寸线间隔一般为7mm至10mm

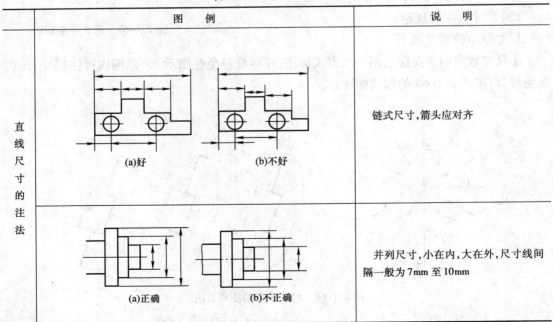

续表

图 例	说 明
圆的直径尺寸注法	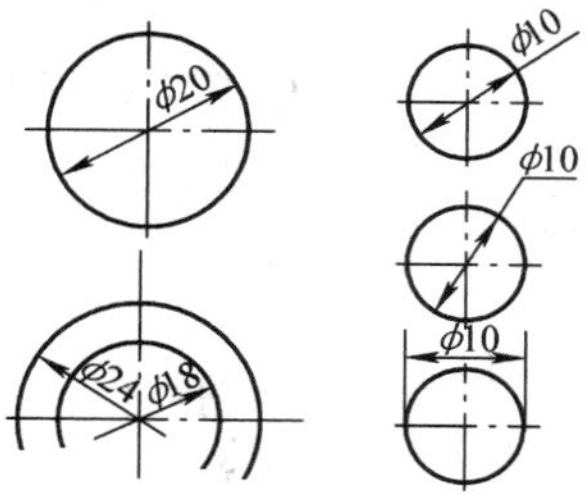 1. 直径尺寸数字前应加注符号"ϕ" 2. 直径尺寸线应通过圆心或平行于直径 3. 圆的直径的尺寸线终端应画成箭头 4. 不完整圆的尺寸线应超过半径
45°倒角的注法	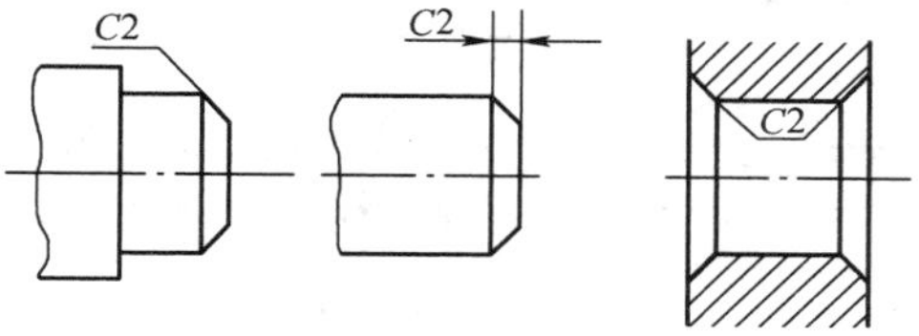 图中标注 C2 表示45°倒角,尺寸为2
非45°倒角的注法	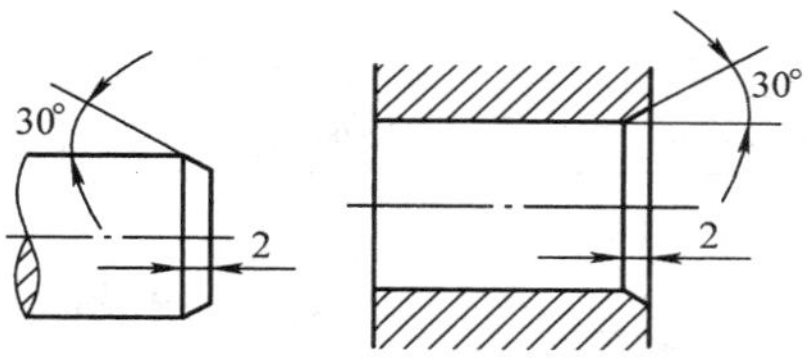 无
圆弧半径尺寸注法	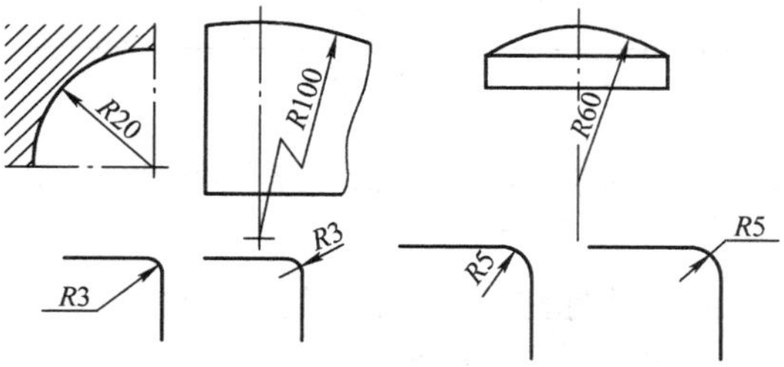 1. 一般不大于半圆的圆弧标注半径 2. 标注半径时,应在尺寸数字前加注符号"R" 3. 半径尺寸线一般从圆心处引出或由圆外指向圆心方向 4. 半径过大,尺寸线无法从圆心处引出时,尺寸线可画成折线表示,不需注明圆心位置
球面半径尺寸注法	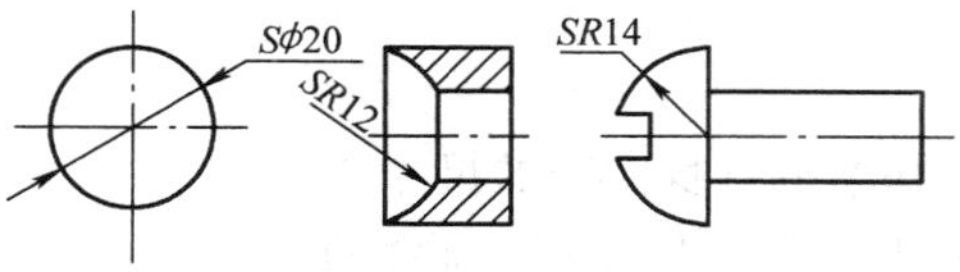 在标注球面的直径或半径时,应在符号"ϕ"或"R"前面再加注符号"S"
薄板厚度尺寸注法	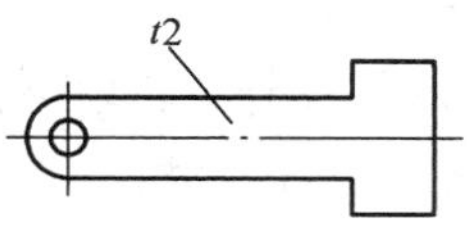 标注板状零件的厚度时,可在厚度尺寸数字前加注符号"t"

续表

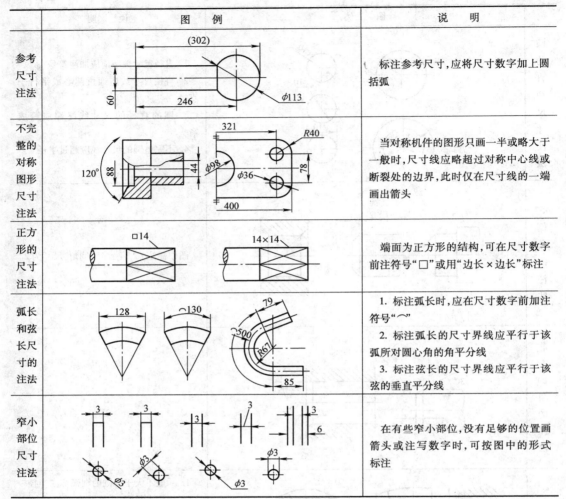

	图　例	说　明
参考尺寸注法		标注参考尺寸,应将尺寸数字加上圆括弧
不完整的对称图形尺寸注法		当对称机件的图形只画一半或略大于一般时,尺寸线应略超过对称中心线或断裂处的边界,此时仅在尺寸线的一端画出箭头
正方形的尺寸注法		端面为正方形的结构,可在尺寸数字前注符号"□"或用"边长×边长"标注
弧长和弦长尺寸的注法		1. 标注弧长时,应在尺寸数字前加注符号"⌒" 　2. 标注弧长的尺寸界线应平行于该弧所对圆心角的角平分线 　3. 标注弦长的尺寸界线应平行于该弦的垂直平分线
窄小部位尺寸注法		在有些窄小部位,没有足够的位置画箭头或注写数字时,可按图中的形式标注

　　2)常见基本形体的尺寸标注

　　图 2.1-71 为几种常见的基本形体的尺寸标注,由图可知,一般要标注长、宽、高三个方向的尺寸。

　　图 2.1-72 为几种带切口的基本形体的尺寸标注,除了注出基本形体的尺寸外,还要注出切口的位置尺寸,如图中所注尺寸均为确定切口位置的尺寸。

　　3)组合体的尺寸标注

　　组合体的尺寸包括三个部分。

　　(1)定形尺寸:用于确定组合体中各基本体自身大小的尺寸。

　　(2)定位尺寸:用于确定组合体中各基本形体之间相互位置的尺寸。

　　(3)总体尺寸:确定组合体总长、总宽、总高的外包尺寸。

　　对带有相贯线的组合体,除注出各回转体的定形尺寸外,有些形体的大小要靠定位尺寸来确定,如图 2.1-73 所示。应注意截交线和相贯线不标注尺寸。

　　图 2.1-74 为组合体上常见的三种底板的尺寸标注。

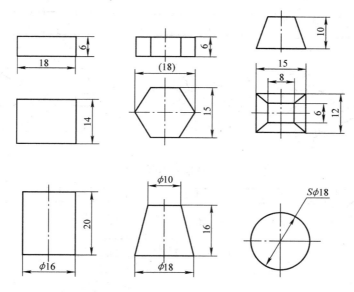

图 2.1-71　常见的基本形体的尺寸标注

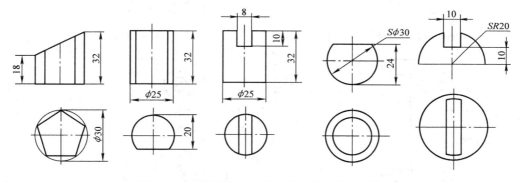

图 2.1-72　常见带切口的基本形体的尺寸标注

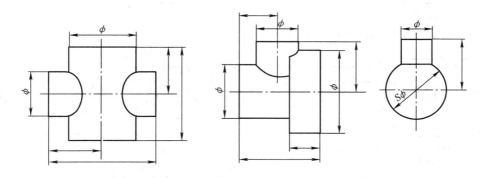

图 2.1-73　带有相贯线的组合体的尺寸标注

　　在标注组合体尺寸时,要求尺寸标注正确、齐全,此外还应力求做到尺寸布置清晰、整齐,便于看图。现以图 2.1-75(a)所示的组合体为例,说明组合体尺寸标注的方法和步骤。

【例 2.1-12】　标注图 2.1-75(a)所示的组合体尺寸。

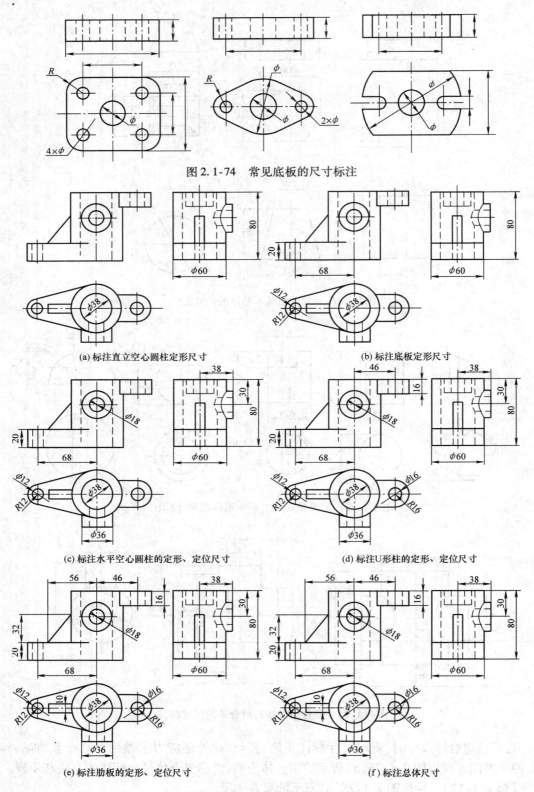

图 2.1-74　常见底板的尺寸标注

(a) 标注直立空心圆柱定形尺寸　　　　　　　　(b) 标注底板定形尺寸

(c) 标注水平空心圆柱的定形、定位尺寸　　　　(d) 标注U形柱的定形、定位尺寸

(e) 标注肋板的定形、定位尺寸　　　　　　　　(f) 标注总体尺寸

图 2.1-75　组合体尺寸标注示例

6. 轴测图简介

1）基本概念

（1）轴测投影的形成。

将物体连同其直角坐标系,沿不平行于任一坐标平面的方向,用平行投影法将其投射在单一投影面上所得到的图形,称为轴测投影（轴测图）。如图 2.1-76 所示,单一投影面 P 称为轴测投影面。由于轴测投影同时反映出物体长、宽、高三维形状特征,所以富有立体感,如图 2.1-76 所示。

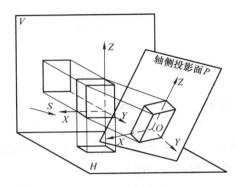

图 2.1-76　轴测投影的形成

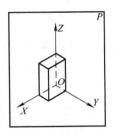

图 2.1-77　轴测图

（2）轴测投影的概念。

轴测轴——直角坐标轴在轴测投影面上的投影,如图 2.1-77 中的 OX、OY、CZ。

轴间角——轴测投影中,任意两根直角坐标轴在轴测投影面上的投影之间的夹角。

轴向伸缩系数—直角坐标轴的轴测投影的单位长度与相应直角坐标轴上的单位长度的比值。OX、OY、OZ 轴上的轴向伸缩系数分别用 p_1、q_1、r_1 表示。为了便于绘图,常把轴向伸缩系数简化,分别用 p、q、r 表示。

（3）轴测投影的种类。

轴测投影分为正轴测投影和斜轴测投影两大类:用正投影法得到的轴测投影称为正轴测投影;用斜投影法得到的轴测投影称为斜轴测投影。常用的有正等轴测投影（正等轴测图）和斜二等轴测投影（斜二轴测图）两种。

2）轴测投影的特性

（1）平行性——物体上相互平行的线段,其铀测投影也相互平行;与坐标轴平行的线段,其轴测投影必平行于相应的轴测轴。

（2）定比性——物体上的轴向线段（平行于坐标轴的线段）,其轴测投影与相应的轴测轴有着相同的轴向伸缩系数。

3）正等轴测图

（1）三个轴向伸缩系数均相等的正轴测投影,称为正等轴测投影（正等轴测图）。将图 2.1-78（a）所示立方体,绕 Z 轴旋转 $45°$ 至图 2.1-78（b）的位置,再绕 A 点向前倾斜到立方体的对角线 OB 垂直于投影面 P 的位置,如图 2.1-78（c）。此时,物体上三个坐标轴与轴测投影面具有相同的倾角,用正投影法向轴测投影面上投射,所得轴测图就是此立方体的正等轴测图,如图 2.1-78（d）所示。

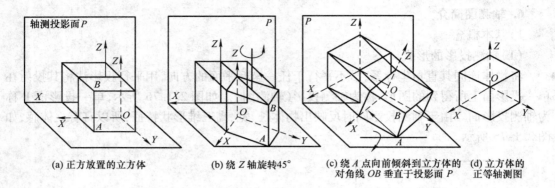

(a) 正方放置的立方体   (b) 绕 Z 轴旋转45°   (c) 绕 A 点向前倾斜到立方体的   (d) 立方体的
                                                                      对角线 OB 垂直于投影面 P   正等轴测图

图 2.1-78   正等轴测图形成

（2）轴间角和轴向伸缩系数。

正等轴测图的轴间角均为 120°。一般将 OZ 轴画成垂直位置，OX 和 OY 轴与水平线夹角为 30°。

由于物体上三个坐标轴与轴测投影面的倾角相同，因此，其轴向伸缩系数也相等，即 $p_1 = ql = r_1 \approx 0.82$，如图 2.1-79（a）所示。轴测轴的一般画法如图 2.1-79（b）所示。

为了作图方便，常把轴向伸缩系数简化为 $p = q = r = 1$，即凡与轴测轴平行的线段，作图按实长量取。这样给出的图形，与轴测轴平行的线段均放大 1.22 倍（1/0.82≈1.22），如图 2.1-80（c）所示。

轴测轴位置的设置，可根据需要选择，如图 2.1-81 所示。

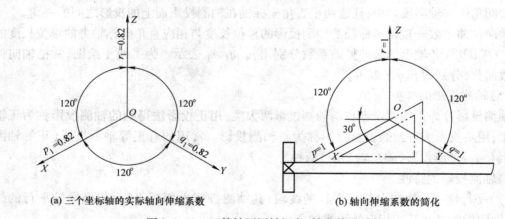

(a) 三个坐标轴的实际轴向伸缩系数   (b) 轴向伸缩系数的简化

图 2.1-79   正等轴测图轴间角、轴向伸缩系数

4）平面立体的正等轴测图画法

（1）方箱法。

对于由长方体切割或叠加而成的平面立体，先画出完整的辅助长方体轴测图，然后用切割或叠加方法画出切去或叠上部分轴测图的方法，称为方箱法。切割法及叠加法画正等轴测图的步骤如图 2.1-82、2.1-83 所示。

（2）坐标法。

根据立体表面上各点的坐标关系，分别画出它们的轴测投影，然后依次连接各点的轴测

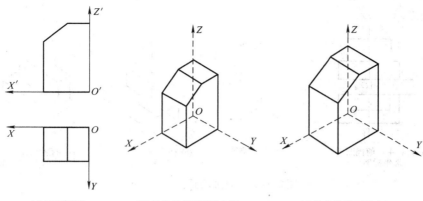

(a) 三面视图　　　(b) 轴向伸缩系数为0.82　　　(c) 轴向伸缩系数为1
　　　　　　　　　的正等轴测图　　　　　　　　　的正等轴测图

图 2.1-80　不同轴向伸缩系数的正等轴测图比较

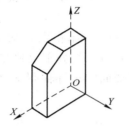 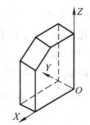 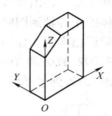

(a) 轴测轴位置设置例一　　　(b) 轴测轴位置设置例二　　　(c) 轴测轴位置设置例三

图 2.1-81　轴测轴设置示例

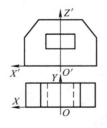 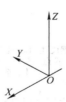 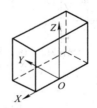

(a) 在主、俯视图上选坐标轴　　　(b) 画轴测轴　　　(c) 按物体的总长、总宽、总高
　　　　　　　　　　　　　　　　　　　　　　　　　　画出辅助长方体的正等轴测图

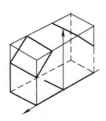 

(d) 画顶部的对称缺角　　　(e) 画中间长方槽　　　(f) 去掉多余线

图 2.1-82　切割法画正等轴测图

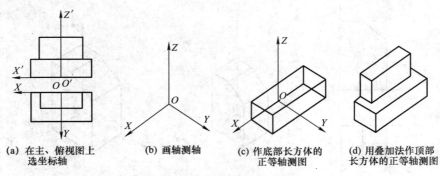

(a) 在主、俯视图上　　(b) 画轴测轴　　(c) 作底部长方体的　　(d) 用叠加法作顶部
选坐标轴　　　　　　　　　　　　　　　正等轴测图　　　　　长方体的正等轴测图

图 2.1-83　叠加法画正等轴测图

投影,从而完成立体的轴测图。坐标法是画轴测图的基本方法。

【例 2.1-13】　根据正六棱柱的主、俯视图,用坐标法作它的正等轴测图。

选正六棱柱顶面中心为坐标原点,有利于确定顶面各顶点坐标。从可见的顶面画起,避免画不必要的作图线。作图步骤如图 2.1-84 所示。

画平面立体的正等轴测图时,可先画出可见特征面的正等轴测图,再加画出厚度,物体的正等轴测图就画出来了。如图 2.1-85(a)、(b)、(c)中,特征面分别反映在主、左、俯视图中,分别平行于 XOZ、YOZ 和 XOY 坐标面。首先作出特征面的正等轴测图,再分别沿着 Y、X、Z 轴测轴加厚,即得到了平面立体的正等轴测图。

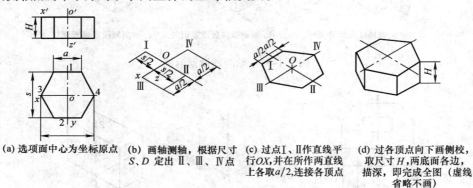

(a) 选项面中心为坐标原点　(b) 画轴测轴,根据尺寸　(c) 过点 I、II 作直线平　(d) 过各顶点向下画侧校,
　　　　　　　　　　　　　　S、D 定出 II、III、IV 点　行 OX,并在所作两直线　取尺寸 H,两底面各边,
　　　　　　　　　　　　　　　　　　　　　　　　上各取 a/2,连接各顶点　描深,即完成全图(虚线
　　　　　　　　　　　　　　　　　　　　　　　　　　　　　　　　　　　　省略不画)

图 2.1-84　正六棱柱正等轴测图的画法

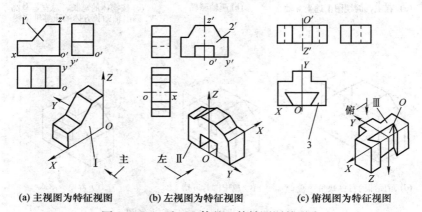

(a) 主视图为特征视图　　(b) 左视图为特征视图　　(c) 俯视图为特征视图

图 2.1-85　平面立体的正等轴测图的画法

5)回转体的正等轴测图画法

(1)圆的正等轴测图画法。

圆的正等轴测图为椭圆。通常采用近似画法,其作图步骤如图 2.1-86 所示。

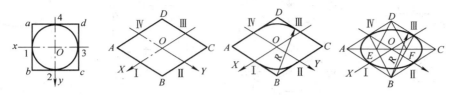

(1)确定坐标轴并作圆(直径为 d)外切正方形 abcd

(2)作轴测轴 X、Y,并在 X、Y 上截取 OI＝OII＝OIII＝OIV＝d/2,得切点 I、II、III、IV,过这些点分别作 X、Y 轴的平行线,得辅助菱形 ABCD

(3)分别以 B、D 为圆心,BIII 为半径作弧 IIIIV、I II

(4)连接 BIII 和 BIV 交和 AC 于 F、E,分别以 E、F 为圆心,EIV 为半径作弧 IVIII 和 IIIII,即得由四段圆弧组成的近似椭圆

图 2.1-86　水平面上圆的正等轴测图

图 2.1-87 所示为平行于三个不同坐标面的圆的正等轴测图。其形状和大小完全相同,除长、短轴的方向不同外,画法都一样。椭圆的长轴方向与菱形的长对角线重合,短轴方向与菱形的短对角线重合,即长轴垂直于相应的轴测轴,短轴平行于相应的轴测轴。

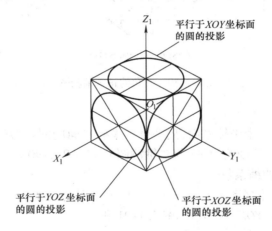

图 2.1-87　平行于各坐标面的圆的正等轴测图

(2)圆柱正等轴测图的画法。

因圆柱的上、下两圆平行,其正等轴测图均为椭圆。因此将顶面和底面的椭圆画好,再作椭圆两侧公切线即为圆柱的正等轴测图。作图步骤如图 2.1-88 所示。

(3)圆角(1/4 圆柱面)正等轴测图的画法。

如图 2.1-84 所示,平行于坐标面的圆角可看成是平行于坐标面的圆的 1/4,因此,其正等轴测图是椭圆的 1/4。画圆角的正等轴测图时,通常采用简化画法。只要在作圆角的边上量取圆角半径 R,如图 2.1-89(a)、(b),从量得的点(切点)作边线的垂线,以两垂线的交点为圆心,以圆心到切点的距离为半径画弧,所画的弧即为轴测图上的圆角,再用移心法完成全图,如图 2.1-84(c)所示。

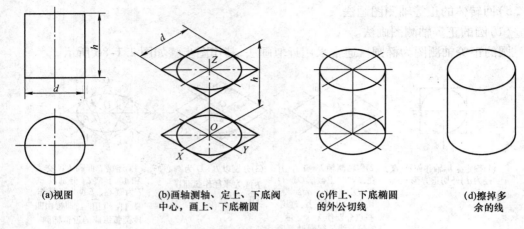

| (a)视图 | (b)画轴测轴、定上、下底椭圆中心，画上、下底椭圆 | (c)作上、下底椭圆的外公切线 | (d)擦掉多余的线 |

图 2.1-88　圆柱的正等轴测图

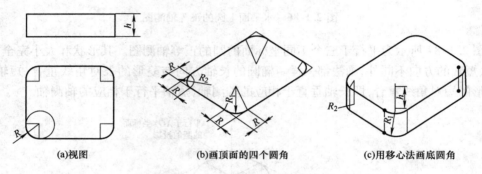

| (a)视图 | (b)画顶面的四个圆角 | (c)用移心法画底圆角 |

图 2.1-89　圆角的正等轴测图

6）斜二轴测图

轴测投影面平行于一个坐标平面，且平行于坐标平面的那两根轴的轴向伸缩系数相等的斜轴测投影，称为斜二等轴测投影（斜二轴测图），如图 2.1-90 所示。

（1）轴间角和轴向伸缩系数。

斜二轴测图的轴向伸缩系数 $p = r = 1$，$q = 0.5$，轴测轴 OX 与 OZ 互相垂直，其轴间角 $\angle XOZ = 90°$，$\angle XOY = \angle YOZ = 135°$，如图 2.1-91 所示。

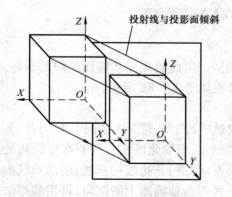

图 2.1-90　斜二轴测图的形成

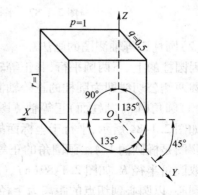

图 2.1-91　斜二测图的轴间角及轴向伸缩系数

凡是平行于 *XOZ* 坐标面的平面图形,在斜二轴测图中其轴测投影均反映实形。因此当物体正面形状较复杂,且具有较多的圆或圆弧,其他方向图形较简单时,采用斜二轴测图作图比较简便。

（2）斜二测图的画法。

斜二测的画法与正等测相同,但斜二测又有自己的特点,作图时根据形体的结构特点,应将有复杂图形或过多圆的平面放于平行于坐标面 *XOZ* 的位置,然后由前到后依次画出。如图 2.1-92 所示为斜二测图的画法。

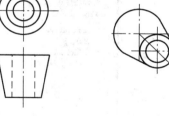

图 2.1-92 斜二测图的画法

7. Auto CAD2010 的尺寸、文字标注以及轴测图的绘制

在工程图样中,图形只能表达物体的形状,而物体的大小及各部分之间的相对位置,必须通过标注尺寸来确定。另外工程图样中还有技术要求、注释说明等,都需要使用文字描述出来。AutoCAD2010 具有强大的文字创建和编辑功能,同时还提供了表格创建功能,使用户可以轻松简便地创建文字和表格。

1）尺寸标注

AutoCAD 中,首先要了解尺寸标注的类型,然后设置合理的尺寸标注样式,再进行尺寸标注。AutoCAD 的尺寸标注可以按照图形的测量值和标注格式进行自动标注,同时也可以进行尺寸编辑。

（1）标注样式。

AutoCAD 提供了设置尺寸标注样式的功能,如果没有对尺寸样式进行设置,则标注样式为系统默认格式。用户也可以根据需要对尺寸线、尺寸界线、尺寸文本、箭头等内容进行设置。

设置标注样式的方法:

菜单:"格式"→"标注样式"。

单击"标注"工具栏按钮 。

命令行:DIMSTYLE。

打开 图 2.1-93 所示的标注样式管理器对话框进行。

（2）标注尺寸。

AutoCAD 中的尺寸标注可以分为线性标注、对齐标注、快速标注、半径标注、直径标注、角度标注、基线标注、连续标注、公差标注、弧长标注、坐标标注等多种类型,用户可以根据需求选择使用相应的标注类型。如图 2.1-94 所示为尺寸标注命令按钮。

①线性标注:线性尺寸用于水平和垂直方向的尺寸标注。

单击"标注"工具栏图标 。

菜单 "标注"→"线性"。

命令: _dimlinear。

指定第一条延伸线原点或 <选择对象>:单击尺寸界线起点

指定第二条延伸线原点:点击尺寸界线的终点

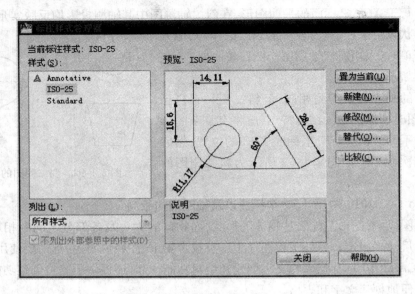

图 2.1-93　"标注样式管理器"对话框

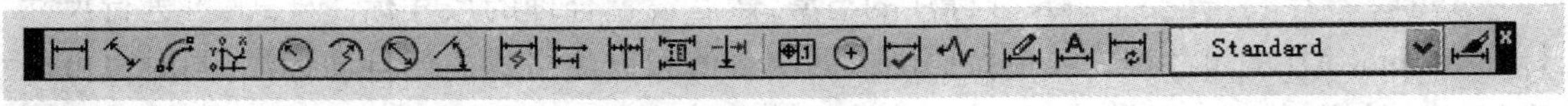

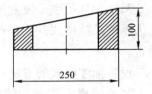

图 2.1-94　尺寸标注命令按钮

　　指定尺寸线位置或[多行文字(M)/文字(T)/角度(A)/水平(H)/垂直(V)/旋转(R)]：

　　标注文字 =250

　　完成如图 2.1-95 所示标注。

　　②对齐标注：对齐标注用于表示斜线的长度,标注方法类似于线性标注。

　　单击"标注"工具栏图标。

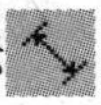

　　菜单"标注"→"对齐"。

　　命令：_dimaligned。

　　指定第一条延伸线原点或 <选择对象>：单击尺寸界线起点

　　指定第二条延伸线原点：点击尺寸界线的端点

　　指定尺寸线位置或[多行文字(M)/文字(T)/角度(A)]：标注文字 = 255

　　完成如图 2.1-96 所示标注。

　　③半径\直径标注：用于标注圆或圆弧的半径尺寸。

　　单击"标注"工具栏

　　菜单"标注"→"半径(直径)"

　　AutoCAD 会自动在数值前加半径符号"R"或直径符号"ϕ"。如图 2.1-97 所示。

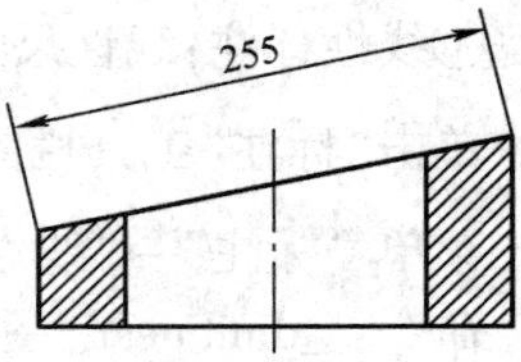

图 2.1-95　线形尺寸

图 2.1-96　对齐尺寸标注

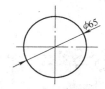

图 2.1-97 半径和直径的标注

④基线/连续标注。

基线标注是指几个尺寸使用共同的第一条尺寸界线。连续标注是将前一个尺寸的第二条尺寸界线作为后一个尺寸的第一条尺寸界线。如图 2.1-98 所示。

单击"标注"工具栏 或 。

菜单"标注"→"基线(连续)"。

（3）尺寸标注编辑。

AutoCAD 中还提供了一些专门用于尺寸编辑的命令，可直接对标注文字内容、位置等标注特征进行编辑，不必删除所标注的文字对象。

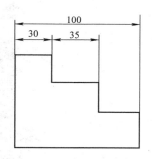

图 2.1-98 基线标注与连续标注

①编辑标注。

编辑标注用于修改已有的尺寸标注。

单击"标注"工具栏 。

菜单"标注"→"对齐文字"→"默认"。

命令：_dimedit

输入标注编辑类型［默认(H)/新建(N)/旋转(R)/倾斜(O)］ ＜默认＞：_h

选择对象：

命令行中各选项功能

默认(H)：用于将指定对象中的标注文字按照默认位置和方向放置。

新建(N)：将打开"多行文字编辑器"对话框，修改标注文字。

旋转(R)：用户可根据系统提示将标注文字旋转一定的角度。

倾斜(O)：可以设置尺寸界线的倾斜角度。

如图，将图 2.1-99 中标注尺寸 95 改为 $\phi95$。

单击"标注"工具栏 ，

在命令行键入字母"N"，弹出如图 2.1-100 所示文字格式对话框，可以分别设置文字格式、字体、字高等。

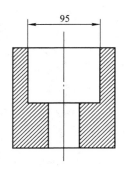

图 2.1-99 尺寸修改

图 2.1-100 文字格式对话框

单击 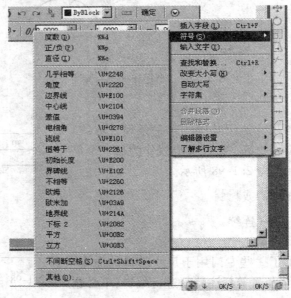⊙"选项"按钮弹出快捷菜单,如图 2.1-101 所示。

图 2.1-101   "选项"快捷菜单

选择快捷菜单中的"符号"→"直径"并写入需要更改的数字,单击"确定"按钮,并选择需要修改的标注尺寸。如图 2.1-102 所示。

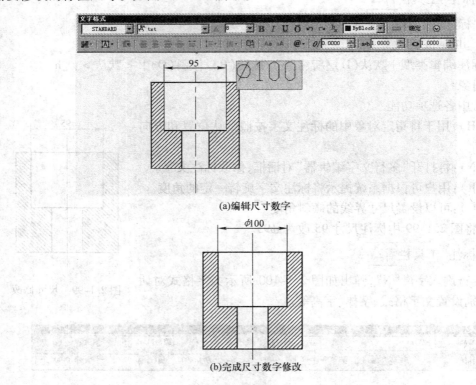

(a)编辑尺寸数字

(b)完成尺寸数字修改

图 2.1-102   编辑尺寸数字

②翻转标注箭头。

该功能是 AUTOCAD 2010 中的新增功能。右击对象,弹出快捷菜单,如图 2.1-103 所示,选择"反转箭头",结果如图 2.1-104 所示。

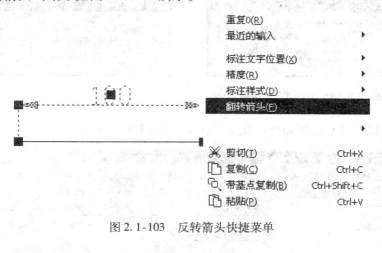

图 2.1-103　反转箭头快捷菜单

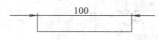

图 2.1-104　翻转箭头效果图

2)文字标注

(1)设置文字样式。

AutoCAD 2010 系统中能够提供文字样式供用户使用,但是用户也可以根据需要设置自己所需的文字样式,文字样式包括字体、字高、文字大小等文字特征。

菜单:"格式"→"文字样式"

命令行:_ style

AutoCAD 显示"文字样式"对话框,如图 2.1-105 所示。

图 2.1-105　"文字样式"对话框

单击"新建"按钮,在弹出的对话框(图 2.1-106 所示)中写出新建文字样式的名称(图 2.1-107),单击"确定"按钮返回。

图 2.1-106 "新建文字样式"对话框

图 2.1-107 输入样式名称

下面就可以设置自己所需要的文字样式了,如图 2.1-108 所示。

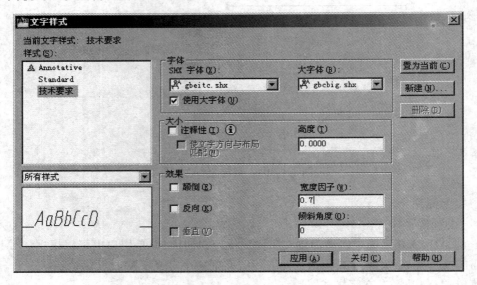

图 2.1-108 设置文字样式

注意:"高度"是用来设置文字高度的,如果在此输入一个非零值,则 AutoCAD 将此值用于所设的文字样式,使用该样式标注文字时,文字高度不能改变;如果输入"0",字体高度可在文字标注命令中重新给出。"宽度因子"是用于设置文字的宽度,如果比例值大于 1,则文字变宽;如果比例值小于 1,则文字变窄。

(2) 文字的输入

菜单:"绘图"→"文字"。

命令:DTEXT。

例:完成如图 2.1-109 所示的文字标注

命令: _dtext

当前文字样式:"技术要求"文字高度: 2.5000 注释性:否

指定文字的起点或 [对正(J)/样式(S)]:(用鼠标给定文字的左下角点)

指定高度 < 2.5000 >:8(输入字高,或直接按【Enter】键取默认值 2.5)

指定文字的旋转角度 < 0 >:(输入文字的旋转角度,或直接按【Enter】键取默认值 0 度)

输入文字:(输入文字的内容,该行结束输入后,按【Enter】键将输入下一行或用鼠标指

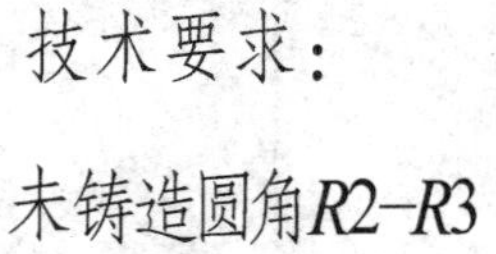

技术要求:

未铸造圆角R2-R3

图 2.1-109 所示的文字标注

定新的文字起点。按两次【Enter】键结束输入单行文字操作）

常有一些特殊字符在键盘上找不到,AutoCAD 提供了一些特殊字符的注写方法,常用的有以下几种。

%%C:注写"Φ"直径符号。

%%D:注写"?"角度符号。

%%P:注写" ±"上下偏差符号。

%%%:注写"%"百分比符号。

%%O:打开或关闭上划线功能。（第一次输入表示打开此项功能,第二次输入则表示关闭。）

%%U:打开或关闭下划线功能。（第一次输入表示打开此项功能,第二次输入则表示关闭。）

（3）表格样式。

表格是在行和列中包含数据的对象,它能简洁清晰地提供图形所需的信息。

菜单方式:"格式"→"表格样式",可打开"表格样式"对话框,如图 2.1-110 所示。默认情况下,系统提供了一个名为 Standard 的表格样式。用户可以修改或重新建立表格样式。

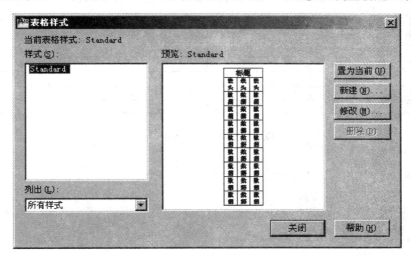

图 2.1-110　"表格样式"对话框

可以在图形中按指定格式创建空白表格,并可在表格中输入文字数据。

菜单栏:"绘图"→"表格"。

"绘图"工具栏:"创建表格"按钮。

命令行:TABLE。

执行命令,弹出"插入表格"对话框,如图 2.1-111 所示。

完成设置后即可进行表格内容输入,如图 2.1-112 所示。

使用表格的快捷菜单来编辑表格。当选中整个表格后,单击右键,打开表格编辑的快捷菜单,如图 2.1-113 所示。还可以通过快捷菜单编辑表格单元,选中单元格后,单击右键,将出现快捷菜单。如图 2.1-114 所示。

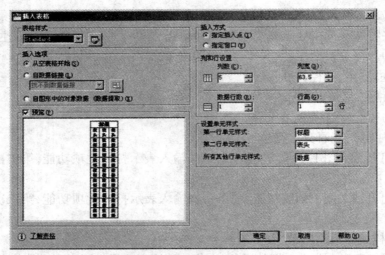

图 2.1-111 "插入表格"对话框

端子排			
QS：1	1	L1	
QS：3	2	L2	
QS：5	3	L3	
FR：2	4	U	
FR：4	5	V	
FR：6	6	W	
KM：13	7	1	SB1:4
SB2：1	8	1	

图 2.1-112 完成表格样式

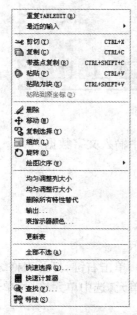

图 2.1-113 "表格编辑"快捷菜单

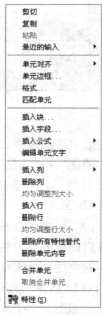

图 2.1-114 "表格单元编辑"快捷菜单

3）用 AutoCAD 绘制轴测图

AutoCAD 系统提供了绘制轴测图（正等测）的工具，使用该工具可方便地绘出物体的轴测图。但所绘轴测图只提供立体效果，不是真正的三维图形。它只是用二维图形来模拟三维对象，这种轴测图无法生成视图。由于用 CAD 绘制轴测图比较简单，并且具有较好的三维真实感，因此被广泛应用工程设计中。

设置轴测图模式可以在"草图设置"对话中进行，也可以用 SNAP 命令中的样式选项进行设置。

"右击"状态栏上"捕捉"按钮，弹出快捷菜单；单击"设置"选项，弹出"草图设置"对话框，如图 2.1-115。在"捕捉类型和样式"区域中选中"等轴测捕捉（M）"，单击"确定"按钮，退出该对话框，十字光标变成等轴测模式，如图 2.1-116 所示。在轴测模式下用【F5】键或【Ctrl + E】，可按"左""顶""右"的顺序循环切换。

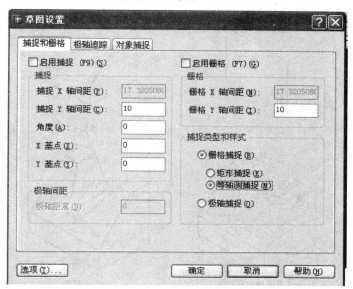

图 2.1-115 "草图设置"对话框

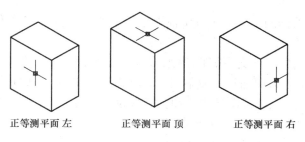

图 2.1-116 三种轴测模式

【例 2.1-14】 用 AutoCAD 绘制图 2.1-117 所示的轴测图。

（1）设置等轴测作图环境，如图 2.1-115。

（2）单击"正交"按钮，用直线命令绘制长方体，如图 2.1-118（a）。

（3）用"直线"命令画 1 - 3、2 - 4，然后连接 3 和 4 点，用"直线"命令分别过 3 和 4 画顶面和前端面的交线 35 和 46,用"修剪"命令和"删除"命令去掉多余图线,如图 2.1-118(b)。

（4）由 1 点沿 30°方向延伸 8 到 7 点,画线段 7 - 8,同样方法画 9 - 10 线段,再由 1 点向下 15 到 11 点,沿 330°方向画线 11 - 12,由 12 点沿 30°方向画线 12 - 14、,由 14 点沿 120°方向画线至与 11 点沿 30°方向追踪交点 15,由 14 点沿 30°向左 8 到点 13,连接 8 - 13、10 - 14、9 - 15、15 - 11,如图 2.1-118(c)。

（5）用"修剪"和"删除"命令去掉多余图线,如图 2.1-118(d)。

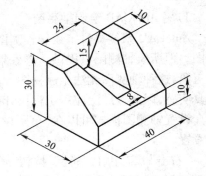

图 2.1-117　AutoCAD 绘制正等测图(一)

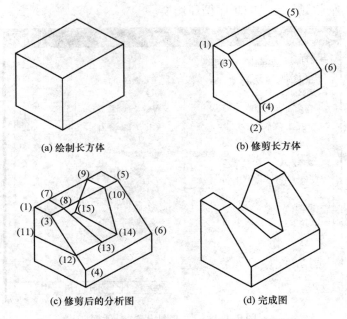

(a) 绘制长方体　　　　　(b) 修剪长方体

(c) 修剪后的分析图　　　　　(d) 完成图

图 2.1-118　用 AutoCAD 绘制切割体轴测图

【例 2.1-15】　根据图 2.1-119 所示轴承座的三视图,绘制其正等轴测图。

（1）设置等轴测模式。

（2）单击状态栏中的"正交"按钮,用画直线命令绘制底座上轮廓 90 - 38 - 90 - C(封闭);用复制命令选中后边向前重复复制到 12、23、32 处,选中左边向右复制到 6、15、75、84 处,以确定底座圆孔中心、圆弧倒角中心和支撑板投影线位置。

用画椭圆命令,在命令提示行中输入"I"(选择等轴测方式画椭圆)捕捉交点为圆心,分别以 8 和 6 为半径画圆,如图 2.1-120 所示。

（3）用删除命令删除小孔和圆弧倒角中心线,用修剪命令修剪圆弧倒角多余的部分。通过 F5 切换到绘制右视图,用画直线命令,捕捉后边中点向上绘制长 35(50 - 15)辅助直线;用椭圆命令,捕捉直线端点为圆心,分别以 10 和 20 为半径画轴测椭圆,如图 2.1-121 所示。

（4）通过热键【F5】切换成绘制左视图,用复制命令将两椭圆重复复制到向前 12、15 处;用复制命令选中轴承底座轮廓向下复制 15,用删除命令,删除辅助直线,如图 2.1-122 所示。

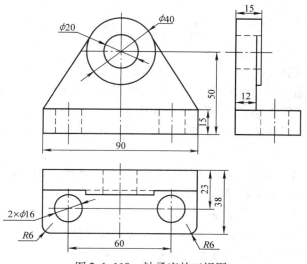

图 2.1-119　轴承座的三视图

（5）利用"草图设置"对话框关闭"等轴测捕捉"回到一般绘图状态。用删除命令删除多余的小圆；用直线命令和对象捕捉功能连接底座两条垂直线，捕捉切点和交点绘制支撑板左右侧切线；用直线命令和切点捕捉方式绘制椭圆的公切线，用修剪命令修剪椭圆及圆弧倒角，即完成了轴承座的正等测图的绘制，如图 2.1-123 所示。

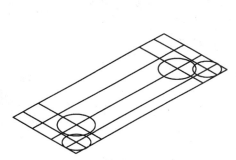

图 2.1-120　等轴测方式画椭圆

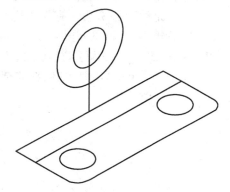

图 2.1-121　右视图画椭圆

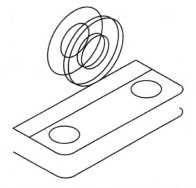

图 2.1-122　左视图完成轴承座底座

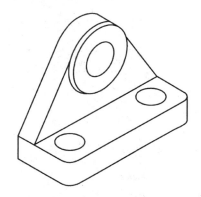

图 2.1-123　轴承座的正等轴测图

复 习 题

1. 按国标规定，投影、视图采用第几分角画法？

2. 单面投影能确定点的空间位置吗？两面投影呢？为什么？

3. 国际标准规定用 A 型纸绘制图样，其中图纸 A0 是 A3 幅面的几倍？

4. 解释比例 2∶1 的含义，并思考若实际尺寸为 10，则图样按多大尺寸画图？又按多大尺寸标注？

5. 各种图线，如粗实线、细实线、虚线、点画线、双点画线、波浪线有何用途？

6. 图线在穿越尺寸数字时该如何处置？

7. 三视图的"三等"规律是什么？

8. 基本体的尺寸如何标注？不完整的基本体的尺寸如何标注？

9. 为什么读图时需几个视图联系起来看？

10. 哪些国家采用第三角画法？第一、三角画法在视图间有何联系？

11. 组合体的主视图按什么原则确定？

12. 什么是尺寸基准？如何确定？

13. 什么是组合体？其基本的组合方式有哪些？

14. 什么是形体分析法？有何用途？

15. 什么是线面分析法？有何用途？

16. 国标规定，角度的尺寸数字一律水平书写，在 AutoCAD 中如何解决？

17. 在 AutoCAD 中书写文本是时，怎样设置字体？

18. 在使用 AutoCAD 时，如何在非圆视图上标注直径尺寸？

任务 2.2　工程图样常用的表达方法

【学习目标】

在实际生产中,零件的结构形状是多种多样的。当机件的形状和结构比较复杂时,仅仅依靠前面所讲的三视图就不能将其外部形状和内部结构完整、正确、清晰地表达出来。为此国家标准《机械制图》对工程制图中的图样还规定了一些其他的表达方法。

2.2.1　基本视图

当物体的外部结构形状在各个方向(上下、左右、前后)都不相同时,三视图往往不能清晰地把它表达出来。因此,必须加上更多的投影面,以得到更多的视图。

1. 基本视图的概念

为了清晰地表达机件六个方向的形状,可在 H、V、W 三投影面的基础上,再增加三个基本投影面。这六个基本投影面组成了一个方箱,把机件围在当中,如图 2.2-1(a)所示。物体在每个基本投影面上的投影,都称为基本视图。图 2.2-1(b)表示物体投影到六个投影面上后,投影面展开的方法。展开后,六个基本视图的配置关系和视图名称见图 2.2-1(c)。按图 2.2-1(b)所示位置在一张图纸内的基本视图,一律不注视图名称。

2. 投影规律

六个基本视图之间,仍然保持着与三视图相同的投影规律,即:

主、俯、仰、后:长对正;

主、左、右、后:高平齐;

俯、左、仰、右:宽相等。

此外,除后视图以外,各视图的里边(靠近主视图的一边),均表示机件的后面,各视图的外边(远离主视图的一边),均表示机件的前面,即"里后外前"。

应该指出的是:虽然机件可以用六个基本视图来表示,但实际上画哪几个视图,要看具体情况而定。而且,在完整、正确、清晰地表达各部分形状、结构的前提下,力求制图简便。视图一般只画出其可见部分,必要时才画出其不可见部分。

3. 向视图

有时为了便于合理地布置基本视图,可以采用向视图。

向视图是可自由配置的视图,它的标注方法为:在向视图的上方注写"×"(×为大写的英文字母,如"A"、"B"、"C"等),并在相应视图的附近用箭头指明投影方向,并注写相同的字母,如图 2.2-2 所示。

4. 局部视图

当采用一定数量的基本视图后,机件上仍有部分结构形状尚未表达清楚,而又没有必要再画出完整的其他的基本视图时,可采用局部视图来表达。

1)局部视图的概念

只将机件的某一部分向基本投影面投射所得到的图形,称为局部视图。局部视图是不完整的基本视图,利用局部视图可以减少基本视图的数量,使表达简洁,重点突出。例如图 2.2-3(a)所示工件,画出了主视图和俯视图,已将工件基本部分的形状表达清楚,只有左、

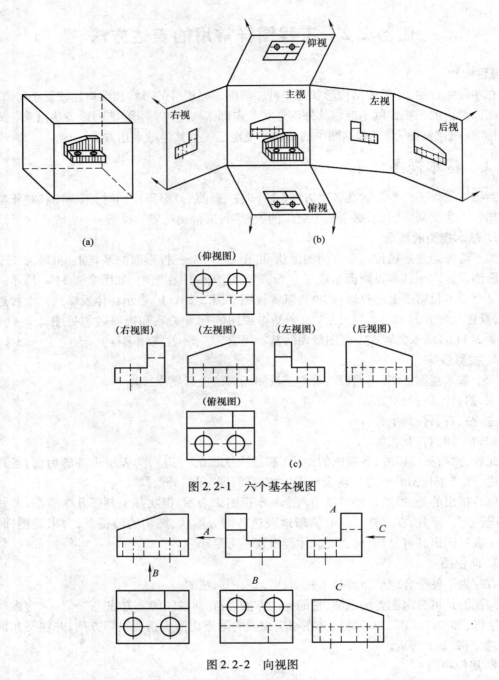

图 2.2-1　六个基本视图

图 2.2-2　向视图

右两侧凸台和左侧肋板的厚度尚未表达清楚,此时便可象图中的 A 向和 B 向那样,只画出所需要表达的部分而成为局部视图,如图 2.2-3(b)所示。这样重点突出、简单明了,有利于画图和看图。

　　2)绘制局部视图注意事项

　　(1)在相应的视图上用带字母的箭头指明所表示的投影部位和投影方向,并在局部视图上方用相同的字母标明"×"。

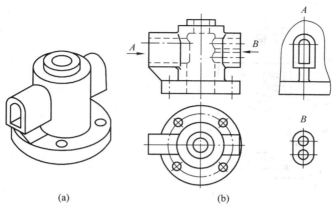

图 2.2-3 局部视图

（2）局部视图最好画在有关视图的附近,并直接保持投影联系。也可以画在图纸内的其他地方,如图 2.2-3（b）中右下角画出的"B"。当表示投影方向的箭头标在不同的视图上时,同一部位的局部视图的图形方向可能不同。

（3）局部视图的范围用波浪线表示,如图 2.2-3（b）中"A"。所表示的图形结构完整、且外轮廓线又封闭时,则波浪线可省略,如图 2.2-3（b）中"B"。

5. 斜视图

1）概念

将机件向不平行于任何基本投影面的投影面进行投影,所得到的视图称为斜视图。斜视图适合于表达机件上的斜表面的实形。例如图 2.2-4 所示是一个弯板形机件,它的倾斜部分在俯视图和左视图上的投影都不是实形。此时就可以另外加一个平行于该倾斜部分的投影面,在该投影面上则可以画出倾斜部分的实形投影,如图 2.2-4 中的"A"向所示。

2）标注

斜视图的标注方法与局部视图相似,并且应尽可能配置在与基本视图直接保持投影联系的位置,也可以平移到图纸内的适当地方。为了画图方便,也可以旋转,但必须在斜视图上方注明旋转标记,如图 2.2-4 所示。

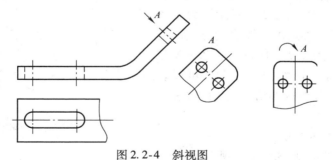

图 2.2-4 斜视图

6. 第三角投影法中的六个基本视图

将物体放在正六面体中,按第三角投影法分别从物体的六个方向向各投影面进行投影,得到六个基本视图,即在三视图的基础上增加了后视图（从后往前看）、左视图（从左往右看）、底视图（从下往上看）。展开后六视图的配置关系如图 2.2-5（b）所示。

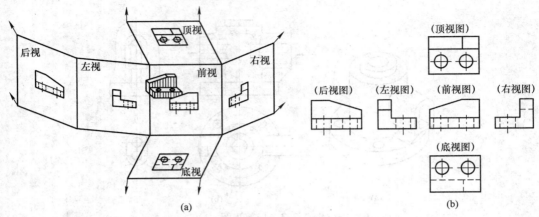

(a)　　　　　　　　　　　　　　　　　(b)

图 2.2-4　第三角画法投影面展开及视图的配置

表 2.2-1　第一角与第三角六个基本视图的名称及配置

图示投影方向	第一角投影		第三角投影	
	名称	配置	名称	配置
A 向	主视图		前视图	
B 向	俯视图	位于主视图下方	顶视图	位于前视图上方
C 向	左视图	位于主视图右方	左视图	位于主视图左方
D 向	右视图	位于主视图左方	右视图	位于前视图右方
E 向	仰视图	位于主视图上方	底视图	位于主视图下方
F 向	后视图	位于左视图右方	后视图	位于右视图右方

2.2.2　剖视图

　　物体的视图是用虚线来表达它的内部结构和看不见的部分。如果一个物体内部结构较为复杂，视图中就会出现很多虚线，虚线和实线的重叠会给看图带来困难，如图 2.2-5 所示。为了解决这一问题，引入了一种新的视图表达方法即剖视图（简称剖视），如图 2.2-8 所示。图 2.2-8 与图 2.2-5 表示的是同一个物体，对比两图可以看到剖视图用实线表示物体内部结构比用虚线表示要清楚得多。

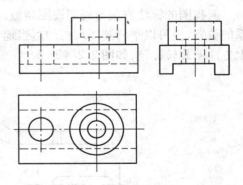

图 2.2-5　物体三视图

1. 剖视图的基本知识

　　剖视图的形成包括"剖"和"视"两个过程。
"剖"就是用一个假想的剖切平面 P，在物体有孔或槽的位置将其剖开，如图 2.2-6 所示；
"视"就是移去剖切平面和观察者之间的部分，将剩下的部分向投影面投影，并在剖切平面与物体相接触的断面上画出剖面符号即 45°的剖面线，如图 2.2-7 所示，于是就得到了图2.2-8 所示的剖视图。

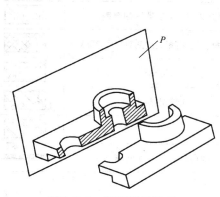

图 2.2-6　剖视图的形成

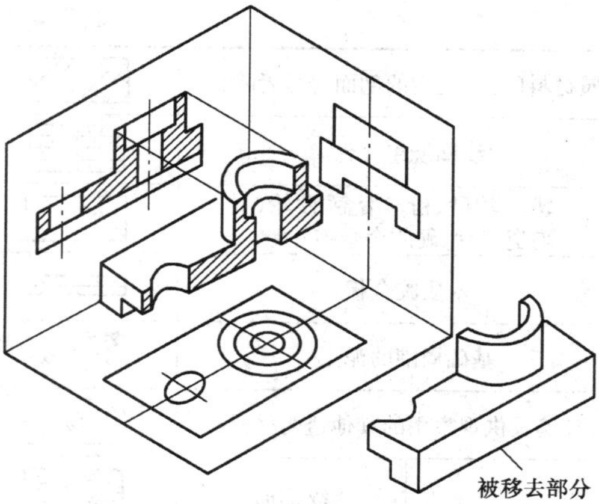

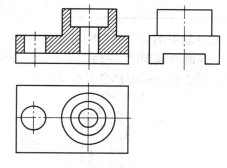

图 2.2-7　画剖视图的方法

被移去部分

2. 绘制剖视图注意事项

1）剖切是假想的

因为剖切是假想的而实际物体是完整的,因此当物体的某个视图画成剖视图时,其他不剖的视图仍应按完整的物体画出。

2）根据需要确定剖视图的数量

根据所表达的物体结构形状的需要,可以同时在几个视图上画剖视图,各剖视图之间是互相独立的,如图图 2.2-9 所示。

图 2.2-8　物体的剖视图

3）肋板、轮辐等结构在剖视图上的画法

对于肋板、轮辐等结构,如沿纵向剖切,这些结构都不画剖面线,并用粗实线将它们与邻接部分分开,如图 2.2-10 所示。

4）剖面符号的画法

国家标准《技术制图》中规定,当不需要在剖面区域中表示材料的类别时,可采用通用剖面线来表示。通用剖面线最好采用与主要轮廓或剖面区域的对称线成45°角的等距细实线表示,当需要在剖面区域中表示材料的类别时,应按不同的材料画出剖面符号见表 2－8。在同一张图样上,同一物体在各剖视图上剖面线的方向和间隔应保持一致,如图 2.2-8 所示。

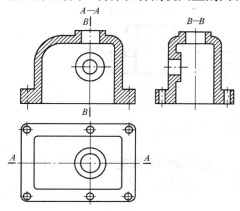

图 2.2-9　剖视图之间是互相独立的

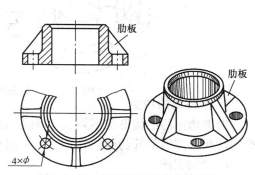

肋板

肋板

$4 \times \phi$

图 2.2-10　剖视图中肋板的表示法

表 2.2-2　剖面符号

金属材料(已有规定的剖面符号者除外)		转子、压器、电抗器等的叠钢片	
线圈绕组元件		非金属材料(已有规定的剖面符号者除外)	
型砂、填砂、粉末冶金、砂轮、陶瓷刀片、硬质合金刀片等		混凝土	
木质胶合板		钢筋混凝土	
基础周围的泥土		砖	
玻璃及供观察用的其他透明材料		网格(筛网、过滤网等)	
木材	纵剖面	液体	
	横剖面		

5)勿丢剖切平面后的可见轮廓线

在画剖视图时,应将剖切平面后面的可见轮廓线全部画出,切勿丢掉,如图 2.2-11 所示。图中右边视图都是漏画轮廓线,是错的。

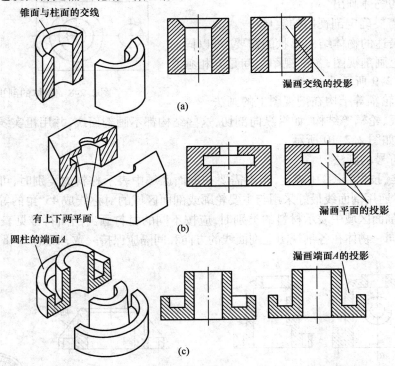

图 2.2-11　勿丢剖切平面后的可见轮廓线

3. 剖视图的种类

根据物体的结构形状不同,表达的目的不同,可假想用剖切平面完全地剖开,对称一半地剖开或局部地剖开物体,画出全剖、半剖和局部剖三种剖视图。

1)全剖视图

用剖切平面完全地剖开物体,所得到的剖视图称全剖视图,如图 2.2-12 所示的主视图及左视图。

从图 2.2-12 可以看出,物体外形简单而内部比较复杂时,为表示物体内腔形状和内壁上的凸台情况,可用通过物体前后对称面的剖切平面剖切物体,在主视图上画出全剖视图。物体上的其他结构如前后壁上的两通孔等还需要表示,为此采用 A—A 剖切平面进行剖切,在左视图上画出 A—A 全剖视图。

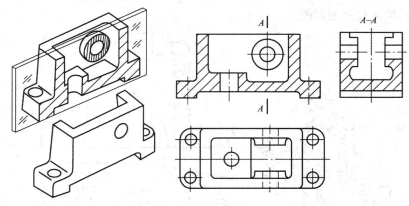

图 2.2-12 全剖视图

全剖视图主要用于表达内形复杂而外形简单或外形虽较复杂,但其外形已在其他视图上表达清楚的物体。

2)半剖视图

当物体的内、外形状在某一视图上的投影对称时,可以以对称中心线为分界线,一半画成剖视图,一半画成视图,这种组合的图形称为半剖视图,如图 2.2-13 所示的主视图及俯视图都是半剖视图。半剖视图的特点是,在一个视图上既能表达物体的内部形状,又能表达

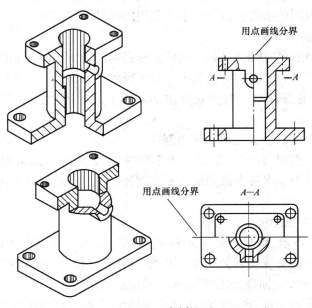

图 2.2-13 半剖视图

物体的外部形状。因此看图时可利用半个剖视图想象整个物体的内部形状,利用半个外形图想象整个物体的外部形状。

3)局部剖视图

用剖切平面剖开物体的一部分,画出这部分的剖视图,其余部分画出外形视图,剖视部分与外形部分用波浪线分界,这样的组合图形称为局部剖视图,图 2.2-14 所示的主视图及俯视图采用的均为局部剖视图。

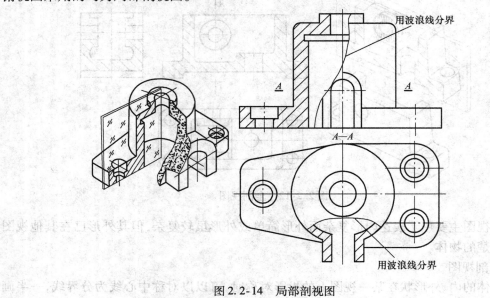

图 2.2-14　局部剖视图

局部剖视图适用于内、外形状都需要表达,但又不宜采用半剖视图时的物体。这种剖视图表达局部结构灵活方便,当物体上有孔眼、凹槽等局部形状需要表达,都可采用局部剖视图,如图 2.2-14 主视图所示的底板上的小孔采用的就是局部剖视。

4. 剖切平面和剖切方法

画剖视图时,要根据物体的结构、形状特点选择不同的剖切平面和剖切方法。常用的剖切平面有单一剖切面,两相交剖切面,几个互相平行的剖切面等。由不同的剖切面产生了不同的剖切方法,但不论采用哪一种剖切方法剖切物体,按剖切范围来说一般都可以做出全剖、半剖或局部剖视图。

1)用平行某一基本投影面的单一平面剖切

前面叙述过的全剖视图(图 2.2-12)、半剖视图(图 2.2-13)、局部剖视图(图 2.2-14)等都是用一个平行于某个基本投影面的剖切平面剖开物体进行投影得到的。这是最常用的剖视图。

2)用两相交剖切面剖切

如图 2.2-15(a)所示,用两相交且交线垂直于某一投影面的剖切平面剖切物体,然后将物体剖开的倾斜部分绕交线旋转到与基本投影面平行的位置再进行投影的方法称为旋转剖。图 2.2-15(b)A—A 剖面即为用旋转剖后画出的全剖视图。

这种剖切方法适用于盘、轮状的物体,也适用于具有明显回转轴线的其他形状物体。

3)用几个平行平面剖切

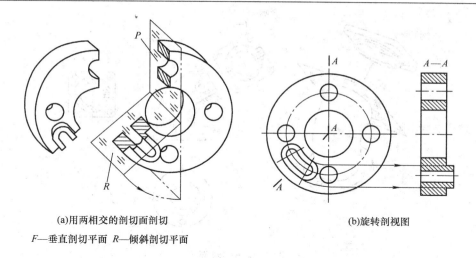

(a)用两相交的剖切面剖切

F—垂直剖切平面　R—倾斜剖切平面

(b)旋转剖视图

图 2.2-15　旋转剖

如图 2.2-15（a）所示，用几个互相平行的剖切平面将物体剖开后进行投影的方法称为阶梯剖。图 2.2-15（b）即为用阶梯剖后画出的全剖视图。

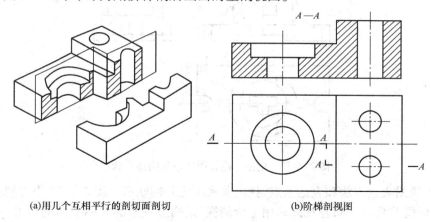

(a)用几个互相平行的剖切面剖切

(b)阶梯剖视图

图 2.2-15　阶梯剖

阶梯剖常用在物体上有多个内部结构，而且它们的轴线不在同一平面的情况下。

4）用不平行于任何基本投影面的平面剖切

如图 2.2-16 所示，用不平行于任何基本投影面的剖切平面将物体剖开后进行投影的方法称为斜剖。图 2.2-16 中的 A—A 全剖视图就是用斜剖画出的。斜剖后画出的视图一般应按投影关系放置，也可以将图形旋转后放置到适当的位置，但须注明旋转符号，如图 2.2-16 中的"A—A～"。

5. 识读剖视图

识读剖视图的方法与识读组合体视图的方法基本相同，所不同的是识读剖视图时，要利用各种剖视图的特点分清物体的外部形体和内腔的图线，联系其他视图，想象出物体的外部形状和内腔形状。下面通过实例来说明怎样读懂剖视图。

【例 2.2－1】　根据图 2.2-17 所给视图，想象物体的形状。

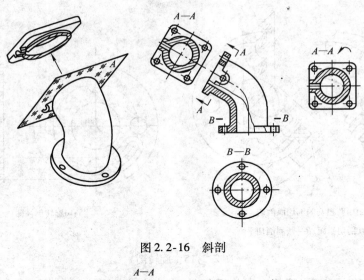

图 2.2-16　斜剖

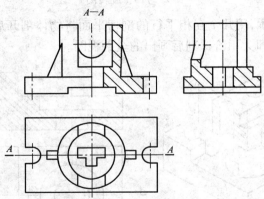

图 2.2-17　根据给定视图想象出物体形状

1）分析视图表达方法和表达重点,找出各视图之间的联系。图 2.2-17 中主视图采用了半剖视,剖切位置是 A—A;左视图采用了全剖视,是通过左右的对称平面剖切的,该视图重点表达物体的内部结构;俯视图是外形图,表达了底板和圆柱内孔的形状。

2）利用各种剖视图在表达上的特点,分清物体内、外部的形状。在图 2.2-17 中,由于主视图是半剖视图,说明物体左右对称,根据主视图左半部的外形图,可以想象出右半部的外形,如图 2.2-18 所示。

运用组合体的读图方法,结合俯视图可以把物体看成由四个基本形体构成,如图 2.2-19 所示。底板 2 的形状比较清楚,3、4 是形状相同的三角形肋板,1 的基本形体是圆柱体,但内部形状较复杂,有待进一步分析。根据视图中各形体间的相对位置可以想象出该物体的外 部形状,如图 2.2-20 所示。

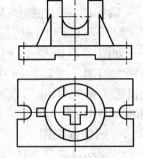

图 2.2-18　外部形状分析

下面再来分析物体的内部结构,根据主视图剖开的右半部图形,可以想象出左半部剖开的形状,所以该物体主视图全剖的图形如图 2.2-21 所示。俯视图中的两圆分别对应于主视图中和轴线平行的四条轮廓线,剖面线内侧的两条轮廓线表示内腔,说明有一圆柱孔,孔的高度应到这两条轮廓线下端的水平线为止;从主视图上还可以看出,断面的后面有一 U 形槽,从三个视图都可以看出,这个 U 形槽把圆柱筒的后壁挖通。从俯视图或左视图都能看到,圆柱筒的前壁也被切去一个槽,槽位于断面的前面,所以槽的形状只能在外形图上表示出来。从图 2.2-17 中可见,前壁上是一个挖透的矩形槽,槽深与圆柱孔深一样。由以上分析得到的物体空间形状如图 2.2-22 所示。从图 2.2-21 的主视图还可以看出,圆柱孔下方还有一孔,该孔一直通到底,该孔的形状从俯视图上可知为一(个)T 形孔,挖孔后物体的形状如图 2.2-23 所示。至此物体内部的结构形状已经很清楚了。

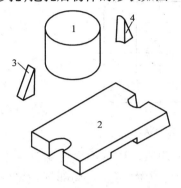

图 2.2-19 形体分析

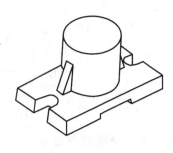

图 2.2-20 物体外部形状

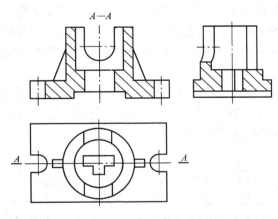

图 2.2-21 内部形状分析

3)综合起来想整体。将以上分析综合起来就可想象出物体的整体形状,如图 2.2-23 所示。最后还应该把通过分析得到的整体形状和题目给出的三视图加以对照,以检查想象出的空间物体是否正确。

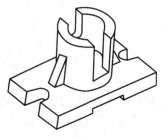

图 2.2-22 物体的空间形状

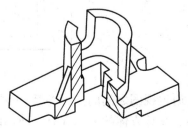

图 2.2-23 挖孔后的物体空间形状

【例2.2-2】 根据图2.2-24所给的视图想象物体的形状。

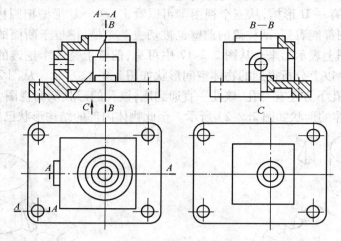

图2.2-24 根据给定的视图想象物体的形状

1) 分析视图的表达方法和表达重点，找出各视图之间的联系。该图中主视图是一个局部剖视图，根据剖视图的名称 *A—A*，找到它在俯视图中的剖切位置，可知此局部剖是采用阶梯剖切方法得到的，重点表达底板小孔和上部、左部小孔的深度，其他部分均保留外形。

左视图采用了半剖，根据 *B—B* 找到它在主视图上的剖切位置。该图表达了上孔，下孔和前面方孔的情况，左半部的外形图表示了物体左边外壁凸出部分的形状。

俯视图是外形图，它表达了上顶部凸出部分的形状，以及底板、底板上面的方形箱体的形状。

2) 利用各种剖视图在表达上的特点，想象内、外形体，先分析外形再分析内形。结合俯视图可以把局部剖的主视图改画成外形图，根据半剖视图的特点，也可以把左视图改画成外形图，改画后的三视图如图2.2-25所示。

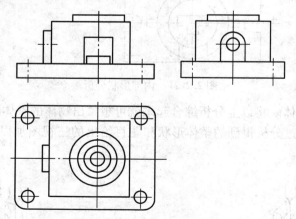

图2.2-25 外部形状分析

通过视图之间的三等关系，可将物体分成两大部分，一是带有四个小孔的底板，二是长方体。在长方体的上顶部有一凸出的圆柱体，左面有一凸出的拱形凸台，前面有一矩形孔，分析后的外形立体图如图2.2-26所示。

再分析物体的内腔。为了更清楚的表达物体内腔,将主视图、左视图画成全剖视图,如图 2.2-27 所示。

根据主视图及左视图的断面形状可以看出,长方体的中间是空的,与底板构成了一个六面箱体。从主视图上看,箱体顶部凸出的圆柱台上打了一个透孔与箱体连通,对照俯视图该孔为圆柱孔。箱体左部拱形凸台上打的圆柱小孔也与箱体内腔沟通。

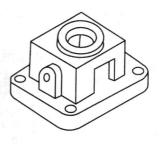

图 2.2-26　外形立体图

由图 2.2-26 可知,箱体前壁有一矩形孔,由图 2.2-27 左视图的内部结构对称的特点可知,后壁也有一个相同形状的矩形孔。这个孔在主视图上也表现出来了。图 2.2-24 主视图中局部剖的波浪线的右侧为外形,左侧为剖开后的物体的投影,而在波浪线的左、右两侧都有矩形的轮廓线。由此可见,除了前壁有矩形孔外,后壁也有一个矩形孔,由图 2.2-27 的左视图可知,两孔都是通孔。

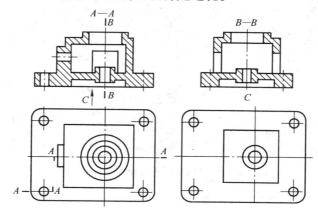

图 2.2-27　内部形状分析

由图 2.2-27 的主视图及左视图,对照 C 视图可以看出,底板下方有一矩形凹槽。底板向上凸出的部分对应俯视图的一个圆,其形状应为一个圆柱体,此处同时向下凸出,说明向下也有一个圆柱凸台,中间的孔是圆柱形通孔。

3)综合起来想整体。把分析清楚的外形和内部结构综合在一起就得到该物体的整体形状,其立体剖视图如图 2.2-28 所示。

最后把图 2.2-28 与图 2.2-24 对照检查一下,看以上分析是否正确。

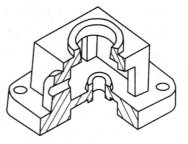

图 2.2-28　立体剖视图

6. AutoCAD 绘制物体剖面线

在 AutoCAD 中,可以通过图案填充来绘制物体的剖面线,不同的图案选择表示不同的材料;其他类型的图形中也可以通过填充不同的颜色使图形更加生动。

1)命令的输入方法

工具栏:"图案填充"按钮

菜单栏："绘图"→图案填充 。

命令行：BHATCH

命令输入后，弹出"图案填充和渐变色"对话框如图 2.2-29 所示。

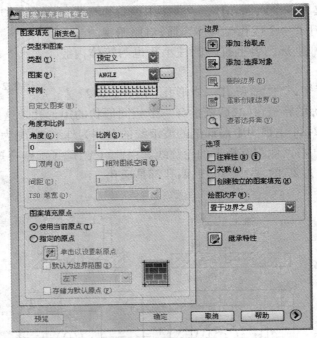

图 2.2-29 "图案填充和渐变色"对话框

2）"图案填充"和"渐变色"选项卡。

（1）"图案填充"选项卡

该选项卡用于指定图案填充的类型和图案。

①"类型和图案"选项区。

ⅰ 类型：用于设置图案的类型。AutoCAD 允许采用 3 种类型的图案，单击下拉按钮，打开下拉列表，供用户选取。

预定义：用 AutoCAD 标准图案文件（acad. pat 或 acadiso. pat 文件）。

用户定义：用户临时定义简单的图案文件。图案基于图形中的当前线型。

自定义：表示使用用户定制的图案文件（ ∗. pat）中的图案，单击下拉按钮可弹出下拉列表框，选择采用的图案类型。可以控制任何图案的角度和比例。

ⅱ 图案：只有将"类型"设置为"预定义"时，该"图案"选项才可用，此处列出可用的"预定义"图案。最近使用的 6 个用户预定义图案出现在列表顶部。HATCH 将选定的图案存储在 HPNAME 系统变量中。单击右边的按钮，可弹出"填充图案选项板"对话框，如图 2.2 - 30 所示，在该对话框中单击一种图案，然后单击"确定"按钮即可选定该填充图案。

ⅲ 样例：显示选定图案的预览图像。单击"样例"后面的图案显示区将显示"填充图案选项板"对话框。

ⅳ 自定义图案：列出可用的自定义图案。只有在"类型"中选择了"自定义"，此选项才可用。

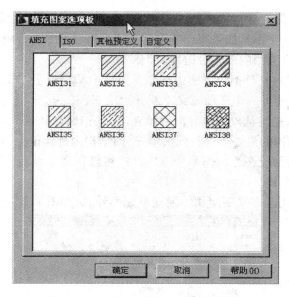

图 2.2-30　"填充图案选项板"对话框

②角度和比例。

该选项区用于指定选定填充图案的角度和比例。

ⅰ角度：指定填充图案相对当前 UCS 坐标系的 X 轴的角度。用户可以填入角度的数值，也可从下拉列表中选择相应的数值。效果如图 2.2－31 所示。

ⅱ比例：比例决定填充图案的疏密程度，数值越大，图案填充越稀疏，反之则越密集，默认值为 1。

单击图 2.2-29 右下角的"更多选项"按钮 ⊙，系统将对话框增加了右边的一栏，如图 2.2-31 所示。

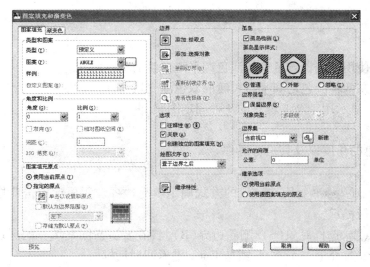

图 2.2-31　"图案填充和渐变色"对话框

③孤岛。

在进行图案填充时,通常把位于总填充区域内的封闭区域成为"孤岛"。该区域用于控制孤岛和边界的操作。如果不存在内部封闭区域,则指定孤岛检测样式没有意义。孤岛检测控制是否检测内部闭合边界(即孤岛)。

ⅰ普通(隔层填充):从外部边界向内填充。如果 HATCH 遇到内部孤岛,将关闭图案填充,直到遇到该孤岛内的另一个孤岛就又重新开始填充。

ⅱ外部(只外层填充):从外部边界向内填充。如果 HATCH 遇到内部孤岛,它将停止图案填充,也就是只对结构的最外层进行图案填充,而结构内部保留空白。

ⅲ忽略(全填充):填充图案时忽略所有内部的对象。

(2)"渐变色"选项卡

"渐变色"选项卡用于定义要应用的渐变填充的外观,如图 2.2 – 32 所示。

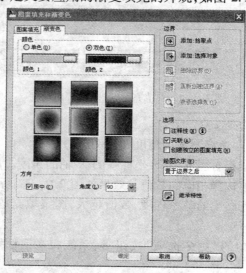

图 2.2-32　显示"渐变色"选项卡的"图案填充和渐变色"对话框

①颜色。

单色:指定使用从较深着色到较浅色调平滑过渡的单色填充。

双色:指定在两种颜色之间平滑过渡的双色渐变填充。

渐变图案。显示用于渐变填充的 9 种固定图案。

②方向

指定渐变色的角度以及其是否对称。

③边界

添加:拾取点 ![icon] ,用选定点的方式确定填充边界。用鼠标单击此按钮,对话框将暂时关闭,命令行提示:

拾取内部点或[选择对象(S)/删除边界(B)]:(在要进行图案填充的区域内单击,或者指定选项,输入 u 放弃上一个选择,或按 Enter 键返回对话框。)

选中的边界以虚像显示,如图 2.2-33 所示。选择后按 Enter 键或使用右键菜单返回"图案填充和渐变色"对话框。拾取对象后,AutoCAD 将高亮显示,注意选择的对象需首尾相接,构成封闭的图形。

④预览。

选择定义了剖面线和边界后,单击"预览"按钮,AutoCAD
显示绘制剖面线的结果,如图2.2-34(a)(b)所示。

预览完毕后,按 Enter 键或使用右键菜单将重新显示"图
案填充和渐变色"对话框。若不满意,可进行修改,直至满
意。单击"确定"按钮,AutoCAD 将按所定的设置绘制出剖面
线。如果没有指定用于定义边界的点,或没有选择用于定义
边界的对象,则此选项不可用。

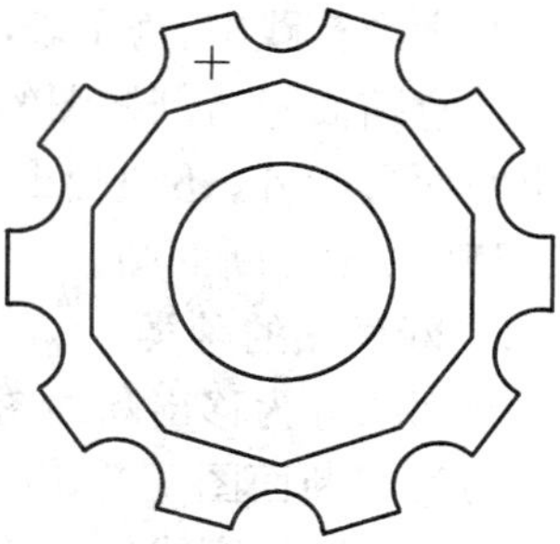

⑤确定。

单击[确定]按钮,按照要求进行填充,然后退出该命令。

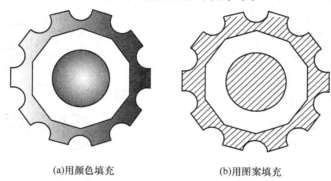

图 2.2-33　点选边界的示例

(a)用颜色填充　　　　(b)用图案填充

图 2.2-34　填充效果

2.2.3　断面图

1. 断面图的概念

如图 2.2-35(b)所示的轴,图中轴上键槽形状及宽度已表达清楚,为了表示键槽深度而
假想在键槽处用垂直于轴线的剖切平面将轴切断,只画其断面形状,并在断面上画出剖面符
号,这种只画出断面形状的图形称断面图。

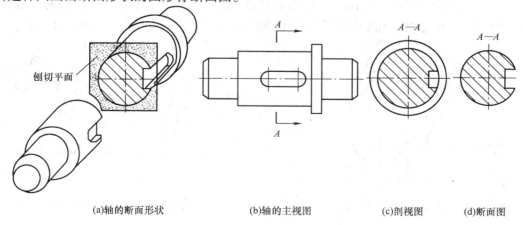

(a)轴的断面形状　　　　(b)轴的主视图　　　　(c)剖视图　　　(d)断面图

图 2.2-35　断面图的概念

　　在生产实践中,为了表示一些实心机件的断面形状如吊钩、手柄、拨叉等常采用断面图。

　　注意断面图与剖视图的区别在于,断面图只画物体被剖切后的断面形状,而剖视图除了画出断面形状外,还须画出物体上位于剖切平面后面的形状,图 2.2-35(c)是剖视图,而图 2.2-35(d)则是断面图。

2. 断面图的种类

断面图分为移出断面图和重合断面图。

1)移出断面图

画在视图轮廓线外面的断面图称为移出断面图,移出断面图的轮廓线用粗实线画出。

(1)移出断面应尽量画在剖切位置的延长线上,如图 2.2-36 所示,必要时也可以画在其他位置上,但需进行标注,如图 2.2-37 中的断面图上需标注 $A—A$、$B—B$。

图 2.2-36　移出断面画法(一)　　　　　图 2.2-37　移出断面画法(二)

(2)当断面为对称图形时,也可画在视图中断处,如图 2.2-38 所示。

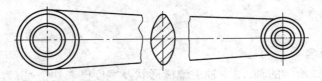

图 2.2-38　移出断面画法(三)

　　(3)剖切平面应与被剖切部分的主要轮廓线垂直,如图 2.2-39 所示。若由两个或多个相交的剖切平面剖切得到的移出断面图,中间应断开,如图 2.2-40 右上方断面图所示。

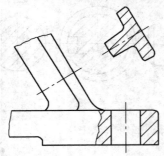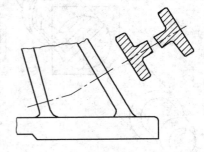

图 2.2-39　移出断面的画法(四)　　　　图 2.2-40　移出断面的画法(五)

(4)当剖切平面通过回转面形成的孔或凹坑的轴线时,这些结构按剖视图绘制,如图

2.2-41 所示。当剖切平面通过非圆孔会导致出现完全分离的两个断面时,这些结构也应按剖视图绘制,如图 2.2-42 所示。

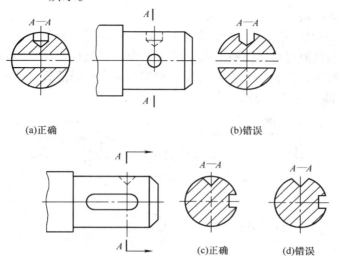

图 2.2-41 移出断面的画法(六)

2)重合断面图

画在视图轮廓线之内的断面图称为重合断面图,重合断面的轮廓线用细实线画出,如图 2.2-43 所示。

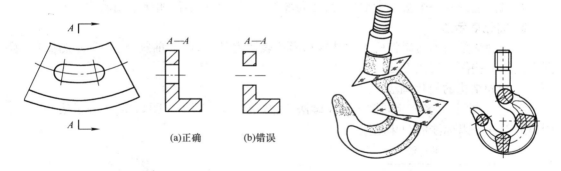

图 2.2-42 移出断面的画法(七)　　　　图 2.2-43 重合断面的画法(一)

由于重合断面画在视图中,所以只有当断面形状简单,不影响图形清晰的情况下才用重合断面。当视图中的轮廓线与重合断面的图线重叠时,视图中的轮廓线应连续画出,不能间断,如图 2.2-44 所示的角钢重合断面图。

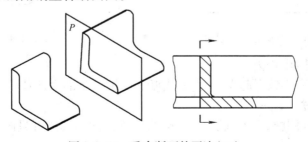

图 2.2-44 重合断面的画法(二)

2.2.4 其他表达方法

1. 局部放大图画法

将机件的部分结构,用大于原图形所采用的比例画出的图形,称为局部放大图。如图2.2-45中机件的螺纹退刀槽和挡圈槽的局部放大图。当机件上的某些细小结构在原图形中表达得不清楚或不便于标注尺寸时,可采用局部放大图。局部放大图可以画成剖视、断面或视图,与被放大部位的表达方式无关。

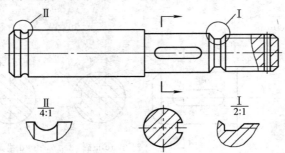

图 2.2-45 局部放大图画法

局部放大图应尽量配置在被放大部位的附近,便于对照阅读。绘图时,应在原图形上用细实线的圆或长圆圈出被放大部位。当一机件上有几个需要放大的部位时,必须用罗马数字依次标明被放大部位,并在局部放大图的上方标注出相应的罗马数字和所采用的比例。

当机件上只有一个被放大部位时,在局部放大图上方只需注明所采用的比例。

2. 简化表示法

简化画法是在不妨碍将机件的结构和形状表达完整、清晰的前提下,力求制图简便、看图方便的一些简化表达方法。

1)相同结构的简化画法

图 2.2-46 表示多个相同槽的简化画法,其数量用标注写出。图 2.2-47 表示滚花,只需画出局部并附以标注的简化画法。

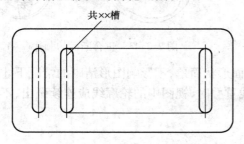

图 2.2-46 槽孔的简化画法

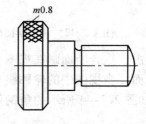

图 2.2-47 滚花的简化画法

2)断面图中的简化画法

图 2.2-48 表示在不致引起误解时,移出断面图可省略剖面符号。

3. 其他简化画法

1)为节省时间和图幅,在不致引起误解时,对称机件的视图可只画一半或四分之一,并

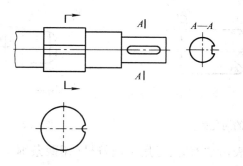

图2.2-48　剖面符号的简化画法

在对称中心线的两端画出两条与其垂直的平行细实线,见图2.2-49。

2)当不会引起误解时,两立体相交的相贯线也可采用模糊画法表示,例如圆柱与圆锥相贯可画成图2.2-50所示的形式。

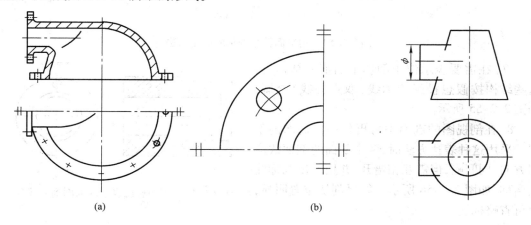

(a)　　　　　　　　　　　　　(b)

图2.2-49　对称机件的简化画法　　　　　　　　图2.2-50　相贯线的简化画法

3)管子可仅在端部画出部分形状,其余用细点画线画出其中心线,见图2.2-51所示。

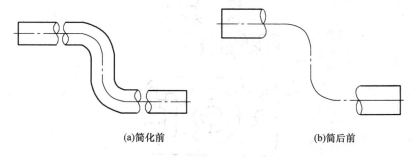

(a)简化前　　　　　　　　　　　　　(b)简后前

图2.2-51　管子的简化画法

4)在不致引起误解时,机件的小圆角、锐边的小倒圆或45。小倒角允许省略不画,但必须注明尺寸或在技术要求中加以说明,如图2.2-52所示。

5)较长的机件(轴、杆、型材、连杆等)沿长度方向的形状一致或按一定规律变化时,允许断开后缩短绘制,但必须按机件的实际长度标注尺寸,如图2.2-53所示。

图 2.2-52　倒角的简化画法　　　　　图 2.2-53　长机件的局部画法

6）当图形不能充分表达平面时,可用平面符号(用两条细实线画出对角线)表示,如图 2.2-54 所示。

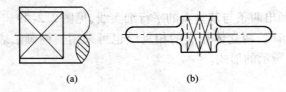

(a)　　　　　　　　(b)

图 2.2-54　用平面符号表示的简化画法

7）在需要表示位于剖切平面前的结构时,这些结构按假想投影轮廓线(双点画线)绘制,如图 2.2-55 所示。

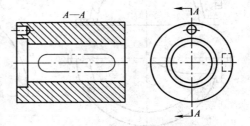

8）在剖视图的剖面中可再作一次局部的剖视。采用这种表达方法时,两个剖面的剖面线应同方向、同间隔,但需互相错开,并用引出线标注其名称,如图 2.2-56 所示。如果剖切位置明显,也可省略标注。

图 2.2-55　用假想线表示的未剖到的部分

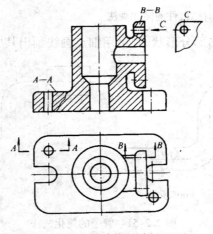

图 2.2-56　两次剖视的剖面画法

复　习　题

1. 基本视图有哪些? 三视图与基本视图有哪些关系?

2. 什么是向视图？与基本视图有何关系？如何标注？

3. 什么是局部视图？有何用途？

4. 什么是斜视图？有何用途？

5. 什么是剖视图？有何用途？

6. 在剖视图中,产生多线、漏线的原因是什么？

7. 如何处理剖视图中的虚线？

8. 剖视图与视图在标注上有何区别？在什么情况下可以简化标注？

9. 常用剖视方法有哪些类型？各适用于什么情况？

10. 在半剖视图中,剖视与视图的分界线只能是什么线型？

11. 什么是断面图？断面图与剖视图有什么有何区别？

12. 当剖切面通过由回转面形成的孔或凹坑的轴线时,断面图如何处置？

13. 什么是局部放大图？它的表达方式与原视图的表达方式有关吗？它的比例是相对什么而言的？

14. 在绘制剖视图时,如何处置纵剖的肋板？

15. 当肋、孔等结构均匀分布在回转体的表面上而又未被剖切时,该如何处置？

项目三 电子产品的零件图和装配图

任务 3.1 阅读电子产品零件图

【学习目标】

1. 知识要求

1）了解电子产品零件图的内容及作用。

2）熟悉电子产品零件图的表达与选择。

3）了解电子产品零件图上常见的工艺结构及尺寸标注。

4）了解螺纹的基本知识和标记方法，了解常用螺纹紧固件的标记，掌握内外螺纹的连接画法，理解螺纹紧固件连接的简化画法。

5）了解电子产品零件图的技术要求。

6）掌握读电子产品零件图的方法。

2. 技能要求

1）学会根据电子产品零件的结构特征将电子产品零件进行分类。

2）能运用组合体视图知识和工艺结构及电子元器件零件图的特殊表达方法识读零件结构形状。

3）能说出电子产品零件图中技术要求的含义。

4）知道常用件和标准件的名称、标记、代号，并学会其画法。

5）能识读中等复杂程度的电子产品零件图。

6）用 Auto CAD 的图块创建标准件和常用件。

3.1.1 电子产品的零件图

1. 电子工程图概述

电子产品一般由机械和电路两大部分构成。

机械部分是执行运动的装置，用以变换或传递能量、物料和信息；而电路部分则起着控制的作用，通过机械部分控制执行各种运动。

电子工程图可分为按正投影规律绘制的图样和以图形符号为主绘制的简图两大类。

1）按正投影规律绘制的图样。

按正投影规律绘制的图样用以说明电子产品的形状、结构、尺寸、技术要求和加工装配、调试、检验及安装等内容，如装配图、零件图、线扎图、印制版电路图等。

2 ）以图形符号为主绘制的简图。

以图形符号为主绘制的简图用以说明电子产品的工作原理、电路特征和技术性能指标等，如系统图、电路图、逻辑图等。

2. 电子元器件零件图的作用及内容

1）电子元器件零件图的作用。

在设计阶段,零件图是表达和传递设计思想的载体。使得设计者的设计思想得以准确全面地展现出来;在生产和制造阶段,零件图足工人生产和制造零件的依据;在产品检验阶段,零件图是产品检验人员检验产品形状、结构、尺寸以及其他技术要求是否合格的依据。

2）电子元器件零件图的内容。

由图 3.1-1 所示的电缆接头座零件图可知,零件图一般应包括以下四个方面的内容。

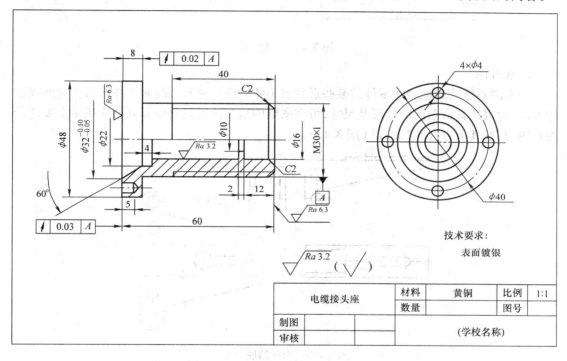

图 3.1-1　电缆接头座的零件图

（1）一组图形:在零件图中,可采用必要的视图、剖视图、断面图等各种表达方法,将零件的结构形状正确、完整、消晰地表达出来。

（2）尺寸:用于确定零件各部分的结构、形状大小及相对位置,包括定形尺寸和定位尺寸。

（3）技术要求:用规定的符号、文字标注表示零件在制造、检验、装配、调试等过程中应达到的各项技术指标。如尺寸公差、形位公差、表面粗糙度、表面处理及其他要求。

（4）标题栏:说明零件的名称、材料、比例、数量、图号等,并由设计、制图、审核等人员签上姓名和相应的日期。

3. 电子元器件零件图的特殊要求

电子元器件的结构特点与普通的机械零件有较大的不同,故电子元器件零件图与普通的机械零件图相比有其特殊的表达方法。

1）表格图

对于结构相同、尺寸不同的电子元器件可采用绘制表格图的方式来表达,如图 3.1-2

所示。

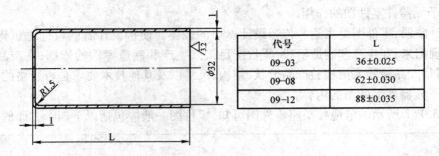

代号	L
09—03	36±0.025
09—08	62±0.030
09—12	88±0.035

图 3.1-2　表格图

2）展开图

当视图不能清楚地表达零件的某些形状或不便标注尺寸时，如：对于冲压后再弯曲成型的零件，为表达其弯曲前的外形及尺寸，可在图纸的适当位置画出该部分结构或整个零件的展开图，并在其上方标注"展开"（图 3.1-3）。

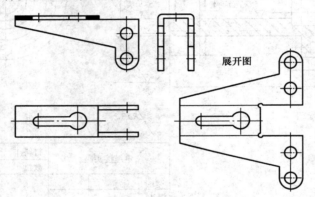

图 3.1-3　卡板的展开图

3）零件材料的纹向及正反面的表达

（1）当制造零件的材料有正反面要求时，应在图样上用汉字注明"正面"或"反面"（图 3.1-4）。

（2）当制造零件的材料有纹向要求时，应用箭头表示其纹理方向，并注明"纹向"（图 3.1-5）。

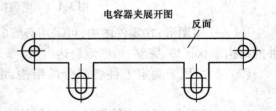

图 3.1-4　材料的正反面表达

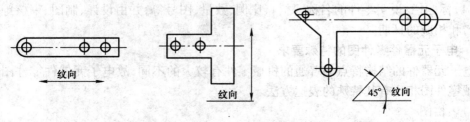

图 3.1-5　材料的纹向表达

4) 对印刷版零件图和集成电路芯片图等,可采用坐标法标注尺寸。如图 3.1-6 所示。

4. 电子元器件零件图视图的表达与选择

电子元器件零件图视图选择的基本要求是:能完整、清晰地表达出零件的结构形状,并力求制图简便,容易看懂。由于组成电子产品的各个零件所起的作用不同.它们的结构形状也不相同。因此,在视图表达上应报据具体情况进行分析.灵活运用各种表达方法,确定合理的表达方案。

1) 轴、套类零件

该类零件大多数由位于同一轴线上数段直径不同的回转体组成,用来支承传动零件和传递动力。一般有键槽、螺纹、退刀槽、倒角、圆角等结构,主要在车床

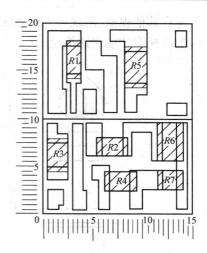

图 3.1-6 坐标法标注尺寸

和磨床上加工。为便于操作人员对照图样进行加工通常选择垂直于轴线的方向作为主视图的投射方向,按加工位置原则选择主视图的位置。一般只用一个完整的基本视图(即主视图)即可把轴上各回转体的相对位置和主要形状表示清楚;对一些主视图中尚未表达清楚的部分常用局部视图、局部剖视、断面、局部放大图等补充表达.对于图 3.1-7 所表示的轴,其主视图选定后,再用两个移出断面图和两个局部放大图,轴的结构形状就完全表达清楚了。

2) 轮、盘类零件

该类零件的主体通常也为回转体,一般包括手轮、刻度盘、旋钮、法兰盘、带轮、端盖等。盘类零件上常有退刀槽、凸台、凹坑、倒角、圆角、轴向螺孔和作为定位或连接用的孔等结构。主要在车床上加工,起着支承、定位及密封等作用。通常选择轴线水平放置(体现加工位置)并采用全剖视图绘制其主视图;用左视图(或右视图)表达其外形轮廓以及孔、槽、肋、轮辐的分布情况(图 3.1-8)。

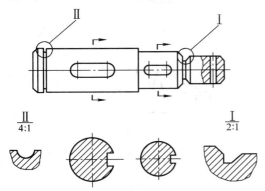

图 3.1-7 轴、套类零件的视图选择

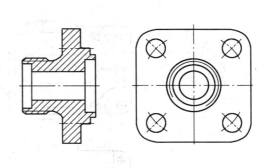

图 3.1-8 轮、盘类零件的视图选择

3) 叉、架类零件

叉架类零件(如拨叉、支架、支座、轴承座、踏脚座等)多用于支持其他零件,结构较为复杂。一般选择其工作位置并反映零件主要结构特征的一面做为主视图,再根据零件的结构

特点配合其他视图、剖视等表达方法表达其形状结构。叉、架类零件的形状结构通常需要两个以上的视图才能表达清楚(图3.1-9)。

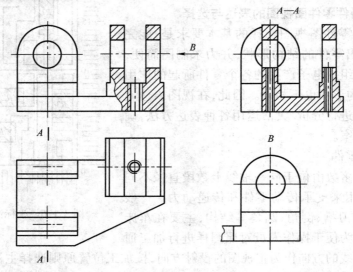

图 3.1-9　叉、架类零件的视图选择

4)箱体类零件

箱体类零件(如阀体、泵体、箱体等)常用来包容和支撑运动机件,有比较复杂的内部结构。一般选择其工作位置并反映零件主要结构特征的一面做为主视图,再根据零件的结构特点配合其他视图、剖视等表达方法表达其形状结构。箱体类零件的形状结构通常需要三个或三个以上的视图才能表达清楚(图3.1-10)。

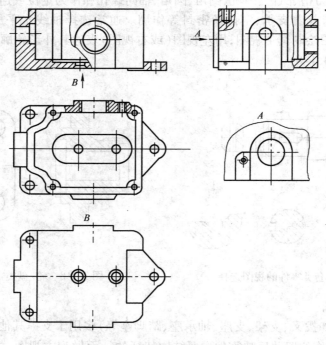

图 3.1-10　箱体类零件的视图选择

5）薄板类零件

薄板类零件（如机架、压板、屏蔽罩、底板、面板、焊片、簧片等）通常都是用一定厚度的板料、带料经过剪切、冲孔,再冲压成型的,在零件的折弯处般都有小圆角,有的还其有凸包、卷边、切口、插槽等局部结构。这类零件的板面上一般有许多直径不同的孔,用来安装电容器、电位器、开关、旋钮、印刷电路板的电子元器件等,一般都是通孔,故只在反应其实形的视图上画出,而在其他视图上只用中心线定位,如图 3.1-11、图 3.1-12 和图 3.1-13 所示。

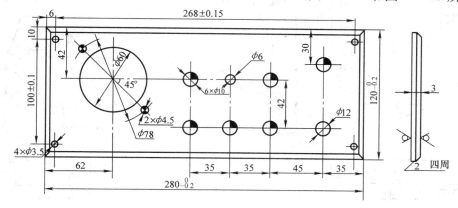

图 3.1-11　面板的视图选择

6）镶嵌类零件

将金属与非金属材料镶嵌在一起即形成镶嵌类零件（如旋钮）。镶嵌类零件的形状结构与轮盘类零件类同,其视图的表达与轮盘类零件类似,但应注意金属材料与非金属材料的剖面符号的区别（图 3.1-14）。

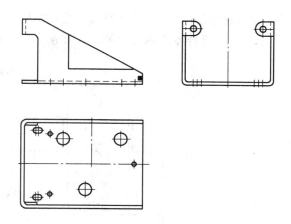

5. 电子元器件零件图上的尺寸标注

零件图中的尺寸是制造和检验零件的依据。因此,零件图上的尺寸标注要求完整、正确、清晰、合理。需要注意的是零件某一结构的尺寸应标注在反映该结构最清晰的图形上。

图 3.1-12　底板或支架的视图选择

1）尺寸的基准

尺寸的基准即尺寸的起点。可以是点（圆心）、线（回转体的轴线）、面（端面或与其他零件的接触面）。在标注尺寸时应首先应确定零件在长、宽、高三个方向的尺寸基准。每个方向上的尺寸基准可能不止一个,但其中必有一个为主要基准,其余为辅助基准。一般来说,应选择设计时确定零件表面位置的基准（也称设计基准）或加工（或测量）时确定零件在机床夹具上（或量具中）位置的基准（也称工艺基准）作为主要基准,并尽量使设计基准与工艺基准重合,如果二者不能重合,选择设计基准为主要基准。

2）尺寸的合理性

尺寸的合理性是在合理选择尺寸基准的前提下:

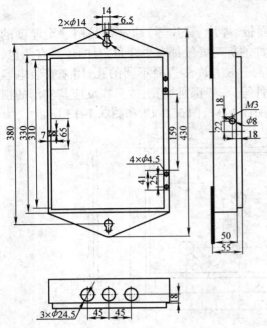

图 3.1-13　机箱的视图选择

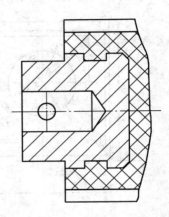

图 3.1-14　镶嵌类零件的视图选择

（1）重要尺寸从设计基准直接标出（图 3.1-15）

（2）即要符合零件的设计要求又要便于加工和检验时进行测量（图 3.1-16）；

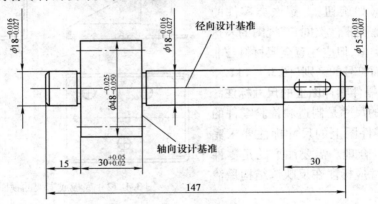

图 3.1-15　重要尺寸从设计基准直接标出

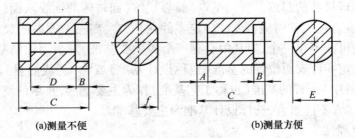

图 3.1-16　标注尺寸应考虑测量方便

（3）符合加工顺序,便于看图、加工和测量(图 3.1-16);

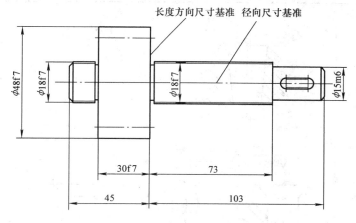

图 3.1-17　符合加工顺序

（4）一般应避免注成封闭尺寸链。

一组首尾相连的链状尺寸称为尺寸链,组成尺寸链的每一个尺寸称为尺寸链的环。从加工的角度来看,在一个尺寸链中,总有一个尺寸是其他尺寸都加工完后自然得到的。这个自然得到的尺寸称为尺寸链的封闭环。如果尺寸链中所有各环都标注上尺寸,这样的尺寸链称封闭尺寸链,如图 3.1-18(a)。在标注尺寸时,应避免注成封闭尺寸链,如图 3.1-18(b)。

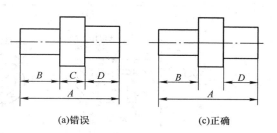

(a)错误　　　　(c)正确

图 3.1-18　应避免注成封闭尺寸链

3)电子元器件中常见结构的尺寸注法

电子元器件中最常见的结构就是各种类型、大小不一的孔。

（1）常见孔的尺寸注法(表 3.1-1)。

表 3.1-1　常见孔的尺寸标注

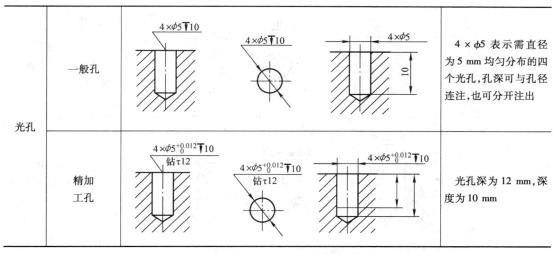

光孔	锥销孔	锥销孔φ5 配作	锥销孔φ5 配作		φ5mm 为与锥销孔相配的圆锥销小头直径锥销孔通常是相领两零件装在一起时加工的
沉孔	锥形沉孔	6×φ7 ∨φ13×45°	6×φ7 ∨φ13×45°	90° φ13 4×φ7	6 × φ7 表示直径为7 mm均匀分布的六个孔。锥形部分尺寸可以旁注;也可直接注出
	柱形沉孔	4×φ6 ⊔φ10▼3.5	4×φ6 ⊔φ10▼3.5	φ10 3.5 4×φ6	柱形沉孔的小直径为φ6 mm, 大直径为φ10 mm,深度为3.5 mm,均需标注
锪孔	锪平面	4×φ7 ⊔φ16	4×φ7 ⊔φ16	⊔φ16 4×φ7	锪平面 φ16 mm 处的深度不需标注,一般锪平到不出现毛为止
螺孔	通孔	3–M6–6H	3–M6–6H	3–M6–6H	3—M6 表示直径为6 mm,均匀分布的三个螺孔。可以旁注;也可以直接注出
	不通孔	3–M6–6Hτ10	3–M6–6Hτ10	3–M6–6H 10	螺孔深度可与螺孔直径连注,也可分开注出

续表

螺孔	一般孔	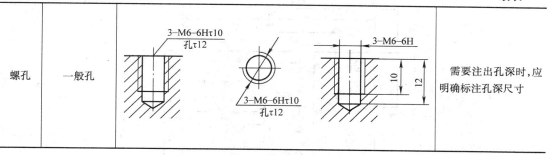	需要注出孔深时,应明确标注孔深尺寸

（2）同一图形中具有几种尺寸数值相近而又重复的孔：

①同一图形中,孔的数量不太多且形状简单时,可按直径分别涂色标记,如图 3.1-19 所示。也可采用标注字母的方法来区别,如图 3.1-20 所示。

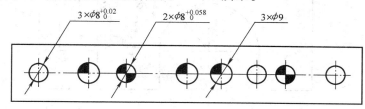

图 3.1-19　用涂色标记的方法标注孔的尺寸

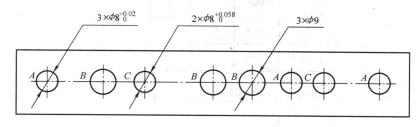

图 3.1-20　用标注字母的方法标注孔的尺寸

②孔的数量可直接标注在图形上,也可用列表的形式表示,如图 3.1-21 所示。

③由同一基准出发的孔的尺寸,可采用单向箭头来标注如图 3.1-22 所示,也可采用坐标的形式列表标注如图 3.1-23 所示。

④零件图中等间距、等大小的孔（或槽）的尺寸标注如图 3.1-24 所示。

6. 电子设备紧固件

在电子设备中,部件的组装以及部分元器件的固定、锁紧和定位等常用到紧固件。常用紧固件有螺栓、螺母、螺柱、螺钉、垫圈、铆钉及销钉等。这些紧固件的使用量很大,为了适应专门化大批量生产,降低成本,它们的结构和尺寸都已标准化。同时对它们的外形投影图也规定了相应的简易画法,便于制图。下面主要介绍螺栓、螺柱、螺钉、螺母等通过螺纹来实现紧固的紧固件。

1）螺纹

（1）螺纹的形成

螺纹是在圆柱或圆锥面上,沿着螺旋线形成的其有规定牙型的连续凸起和沟槽。工件

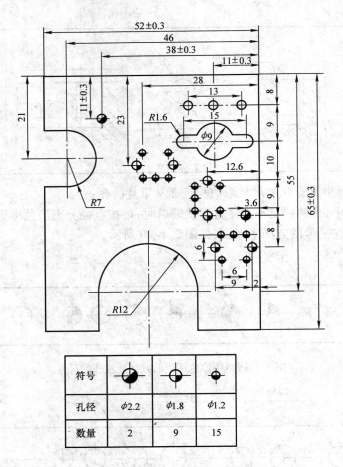

符号	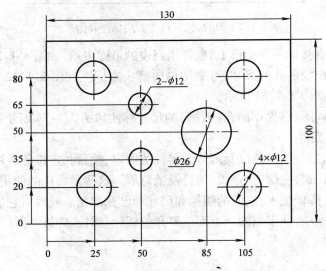		
孔径	$\phi2.2$	$\phi1.8$	$\phi1.2$
数量	2	9	15

图 3.1-21　用列表的形式标注孔的尺寸

图 3.1-22　用单向箭头标注同一基准的孔的尺寸

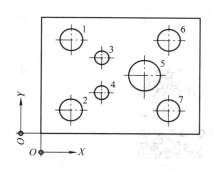

编号	X	Y	ϕ
1	25	80	18
2	25	20	18
3	50	65	12
4	50	35	12
5	85	50	26
6	105	80	18
7	105	20	18

图 3.1-23　用坐标的形式列表标注同一基准的孔的尺寸

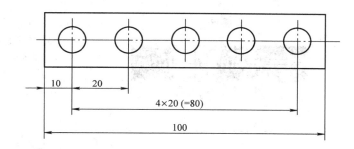

图 3.1-24　等间距、等大小的孔的尺寸标注

上的螺纹是通过刀具与工件的相对运动来实现的,如图 3.1-25 所示。在圆柱杆件外表面车出的螺纹叫外螺纹。如螺栓、螺柱和螺钉上的螺纹;在圆孔内表面车出的螺纹叫内螺纹,如螺母上的螺纹。另外,外螺纹可通过套扣方式加工,内螺纹可通过攻丝方法加工。

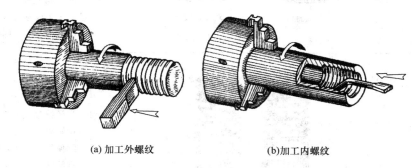

(a) 加工外螺纹　　　　　　　　(b)加工内螺纹

图 3.1-25　螺纹的加工

（2）螺纹要素

要使一对内、外螺纹能够旋合在一起,必须满足五个条件,通常称为螺纹五要素。

螺纹五要素包括:牙型,大径,螺距(导程),线数,旋向。表 3.1-2 介绍了这五个基本要素。

表 3.1-2　螺纹五要素

五要素	图　例	说　明
牙型	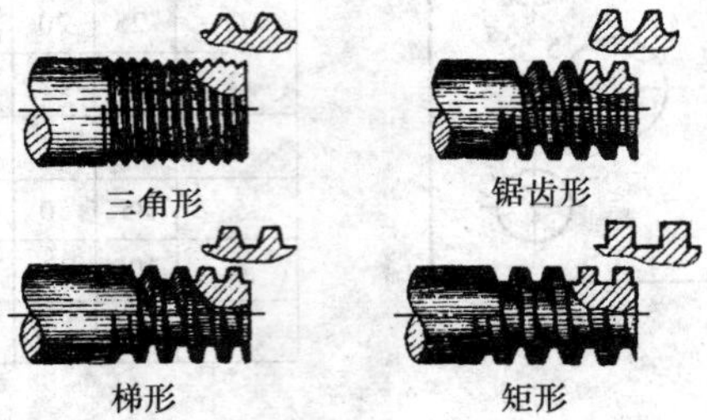 三角形　　锯齿形 梯形　　矩形	牙型指螺纹牙齿的剖面形状，常见有三角形、锯齿形、梯形、矩形等 联接用螺纹采用三角形，传动用螺纹采用梯形、锯齿形、矩形等
大径	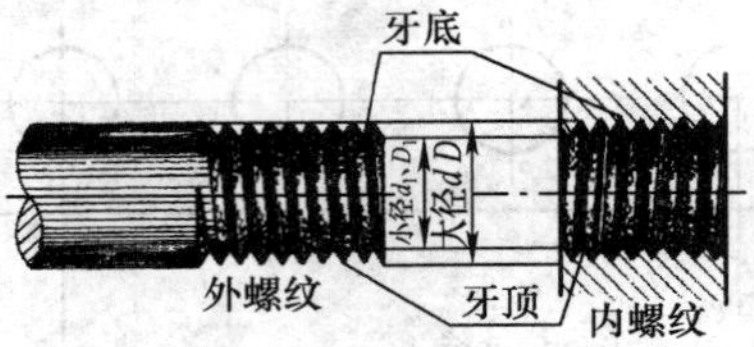 牙底 外螺纹　牙顶　内螺纹	d、D 分别为外螺纹、内螺纹大径。大径是代表螺纹尺寸的直径，又称公称直径 d_1、D_1——分别为外螺纹、内螺纹小径
螺距导程	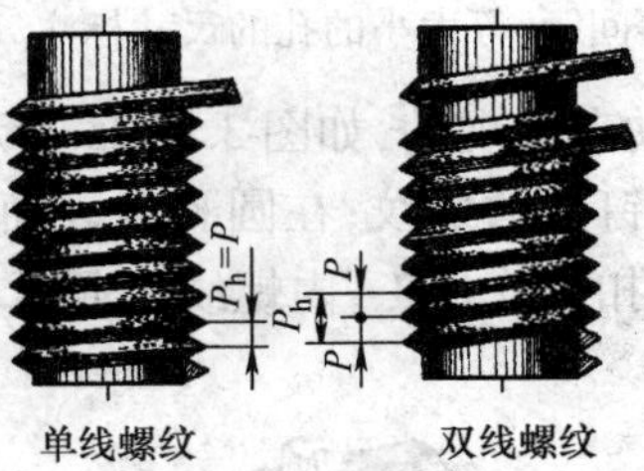 单线螺纹　　双线螺纹	螺距 P 为相邻两牙对应点间的轴向距离 单线螺纹：螺距 P = 导程 P_h 多线螺纹： 螺距 P = 导程 P_h/线数 n
线数		同一圆柱面上只切削一条螺纹称为单线螺纹，切削两条以上螺纹时称为多线螺纹
旋向	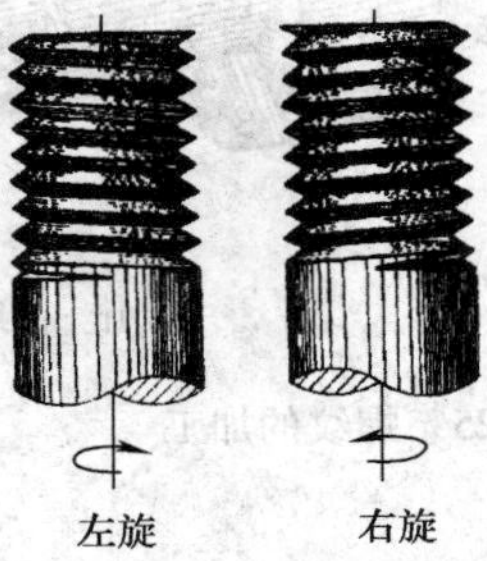 左旋　　右旋	当螺纹顺时针方向旋进时为右旋螺纹，反之为左旋螺纹。在实际使用上广泛采用右旋螺纹，只有特殊情况下才用左旋螺纹

（3）螺纹的规定画法

为了简化绘图，国家标准规定螺纹不按其真实投影绘制，而采用表 3.1-3 的规定画法。

表 3.1-3 螺纹的规定画法

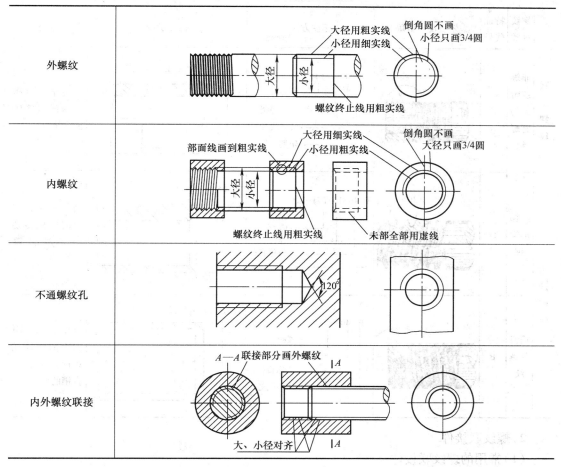

（4）螺纹的种类及标注

不同的牙型、螺距、旋向和线数的螺纹按规定画法画出来都是一样的,所以必须对螺纹进行标注。螺纹的种类和标注方法见表 3.1-4。

表 3.1-4 螺纹的种类及标注方法

螺纹种类		特征代号	牙型及牙型角	标注方法	标注示例	应用
联接螺纹	粗牙普通螺纹	M	60°	M 10−6g 公差带代号 公称直径 牙型代号 （右旋不注）	M10−6g	用于一般零件的联接
	细牙普通螺纹	M		M 8×1−6h 公差带代号 螺距 公称直径 牙型代号	M8×1−6h	用于薄壁零件或受动载荷的联接

螺纹种类		特征代号	牙型及牙型角	标注方法	标注示例	应用
联接螺纹	非螺纹密封的管螺纹	G		G 1 A-LH └─ 左旋螺纹 └─ 公差等级 └─ 尺寸代号 └─ 牙型代号	G1A-LH 	用于螺纹密封的低压管路的联接
传动螺纹	纹梯形螺纹	Tr		Tr 40×14 (P7)-LH └─ 左旋 └─ 螺距 └─ 导程 └─ 公称直径 └─ 牙型代号	Tr40×14 (P7)-LH 	用于承受双向力的丝杠传动和各种升降机构
	锯齿形螺纹	B		B 40×14 (P7) └─ 螺距 └─ 导程 └─ 公称直径 └─ 牙型代号	B40×14 (P7) 	用于承受单向力的传动或单向传动反向自锁的场合

2）螺纹联接件

（1）常用的螺纹联接件

在电子产品中常用的螺纹联接件有：螺栓，螺钉，螺母，垫圈等。这些螺纹联接件的结构形状和尺寸都已标准化了，可以从有关标准中查到。螺纹联接件一般由标准件厂生产，使用时只需按规定标记列出清单就可以买到，一般不画零件图。表3.1-5列出了常用螺纹联接件的视图和规定标记。

表3.1-5　常用螺纹联接件的视图和标记

名称及标准号	视 图	规定标记示例
六角头螺栓		螺栓 GB/T 5782—2000M12 × 50（粗牙普通螺纹，大径12 mm，长度50ram）
内六角螺钉		螺钉 GB/T 7.1—2000Ml0 × 30（粗牙普通螺纹，大径10 mm，长度30 mm）

名称及标准号	视　图	规定标记示例
十字槽沉头螺钉	M10 / 30	螺钉 GB/T 819.1—2000M10×30(粗牙普通螺纹,大径10 mm,长度30 mm)
六角螺母	M12	螺母 GB/T 6170—2000M12(粗牙普通螺纹,大径12 mm)
平垫圈	ϕ13	垫圈 GB/T 97.1—1985 12 140HV(公称尺寸12 mm,即与大径为12 mm 的螺栓配用,性能等级为140HV 级)

（2）常用的螺纹联接

在电子产品中,常见的螺纹联接有:螺栓联接、双头螺柱联接和螺钉联接,如图3.1-26 所示。

①螺栓联接

螺栓联接常用在两个被联接板都不太厚,并能从两边装配的场合。图3.1-26(a)为用螺栓、螺母和垫圈将两个被联接零件夹紧的示意图和装配图。

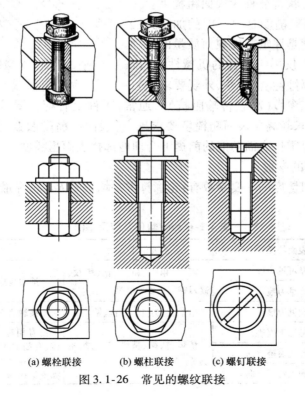

(a) 螺栓联接　　　(b) 螺柱联接　　　(c) 螺钉联接

图3.1-26　常见的螺纹联接

②双头螺柱联接

双头螺柱联接常用在一个零件太厚,不宜钻成通孔,又需经常拆卸的场合。联接时,在一个被联接零件上加工出螺纹孔,将双头螺柱一端拧入螺纹孔,再将第二个零件装上,用垫圈和螺母将两零件夹紧。图 3.1-26(b)为双头螺柱联接的示意图和装配图。

③螺钉联接

螺钉联接不用螺母,而是将螺钉穿过被联接件之一的光孔后,直接旋入另一个被联接件的螺孔内。这种联接适用于受力不大且被联接件之一较厚又不宜经常拆卸的场合。图 3.1-26(c)为沉头螺钉联接的示意图和装配图。

7. 电子元器件零件图的技术要求

为了使零件达到预定的设计要求,保证零件的使用性能,在零件上必须注明零件在制造过程中必须达到的质量要求,即技术要求,如表面粗糙度、尺寸公差、形位公差、材料热处理及表面处理等。技术要求一般应尽量用技术标准规定的代号(符号)标注在零件图中,没有规定的可用简明的文字逐项写在标题栏附近的适当位置。

1)表面粗糙度

(1)表面粗糙度的概念

零件在加工过程中,受刀具的形状和刀具与工件之间的摩擦、机床的震动及零件金属表面的塑性变形等因素,表面不可能绝对光滑,如图 3.1-27 所示。零件表面上这种具有较小间距的峰谷所组成的微观几何形状特征称为表面粗糙度。一般来说,不同的表面粗糙度是由不同的加工方法形成的。表面粗糙度是评定零件表面质量的一项重要的技术指标。不仅影响零件的机械性能(配合性质、耐磨性、抗腐蚀性、密封性、外观要求等),

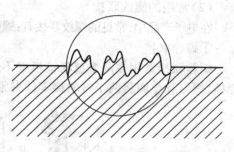

图 3.1-27　显微镜下的零件表面

还会影响零件的电气参数(高频传输阻抗)。通常,零件上有配合要求或有相对运动的表面,表面粗糙度的要求较高。表面粗糙度要求越高(表面粗糙度参数越小),其加工成本也越高。因此应在满足零件表面功能的前提下合理地选择表面粗糙度。

(2)表面粗糙度的参数

评定零件表面粗糙度的主要参数有:轮廓算术平均偏差 Ra、轮廓最大高度 Rz 等。使用时优先选用 Ra。

表 3.1-6　Ra 数值及应用举例

$Ra/\mu m$	表面特征	主要加工方法	应用举例
50	明显可见刀痕	粗车、粗铣、粗刨、钻、粗纹锉刀锉和粗砂轮磨削	一般很少应用
25	可见刀痕		
12.5	微见刀痕	粗车、刨、立铣、平铣、钻	不接触表面、不重要的接触面
6.3	可见加工痕迹	精车、精铣、精刨、铰、镗、粗磨等	没有相对运动的零件接触面,如箱、盖、套筒要求紧贴的表面、键和键槽工作表面;相对运动速度不高的接触面,如支架孔、衬套、带轮轴孔的工作表面
3.2	可辨加工痕迹方向		
1.6	微辨加工痕迹方向		

续表

$Ra/\mu m$	表面特征	主要加工方法	应用举例
0.80	微见加工痕迹	精车、精铰、精拉、精镗、精磨等	要求很好密合的零件接触面,如与滚动轴承配合的表面,锥销孔等;相对运动速度较高的接触面,如滑动轴承的配合表面、齿轮轮齿的工作表面等
0.40	不可辨加工痕迹方向		
0.20	看不见加工痕迹		
0.10	暗光泽面	研磨、抛光、超级精细研磨等	精密量具的表面、极重要零件的摩擦面,如气缸内表面、精密机床的主轴颈、坐标镗床的主轴颈等
0.05	亮光泽面		
0.025	镜状光泽面		
0.012	雾状镜面		
0.006	镜面		

（3）表面粗糙度符号及其在图样上的标注

①表面粗糙度符号

图样中表示零件表面粗糙度的符号及解释见表3.1-7。

表 3.1-7　表面粗糙度符号及解释

符　号	意义及说明
$\sqrt{}$	基本符号,表示表面可用任何方法获得。当不加注粗糙度数值或有关说明(例如:表面处理,局部热处理状况等)时,仅适用于简化代号标注
$\sqrt{}$	基本符号加一短划,表示表面是用去除材料的方法获得 例如:车、铣、钻、磨、剪切、抛光、腐蚀、电火花加工、气割等
$\sqrt{}$	基本符号加一小圆,表示表面是用不去除材料的方法获得,例如:铸、锻、冲压变形、热轧、冷轧、粉末冶金等 或者是用于保持原供应状况的表面(包括保持上道工序的状况)

②表面粗糙度符号在图样上的标注方法

a. 规定注法

（a）在图样中,表面粗糙度符号应标注在图样的轮廓线、尺寸界线或其延长线上,必要时可注在指引线上。符号的尖端必须从材料外指向表面,表面粗糙度的参数值写在符号尖角的对面,数值的方向应与尺寸数字方向一致,如图3.1-29所示。

（b）应注意表面粗糙度符号长边的方向不要搞错,与另一条短边相比,长边总处于顺时针方向,如图3.1-28所示。

b. 简化标注法

标注表面粗糙度符号,规定了几种简化的标注方法。

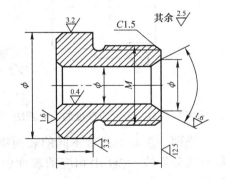

图 3.1-28　表面粗糙度的注法

（a）当零件所有表面具有相同的表面粗糙度要求时,可在图样的右上角统一标注,见图3.1-30。

（b）当零件大部分表面粗糙度有要求时,可对其中使用最多的一种符号、代号统一标注

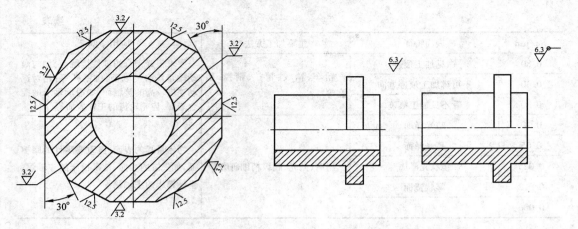

图 3.1-29　表面粗糙度的标注方向　　　　　图 3.1-30　表面粗糙度的统一注法

在图样右上角,并加注"其余"两字,见图 3.1-31。

(c)当表面粗糙度符号在标注时位置受限制时或为了简化标注,可以在图样中标注简化符号,见图 3.1-31。但必须在标题栏附近说明这些简化符号的意义。

当用统一注法和简化标注的方法表达表面粗糙度要求时,其符号、代号和说明文字的高度均应是图形上其他表面所注符号和文字的 1.4 倍,见图 3.1-28、图 3.1-31。

(d)对于重复要素的表面和连续表面,不需要在所有表面都标注表面粗糙度符号、代号,而只需标注一次,见图 3.1-32。

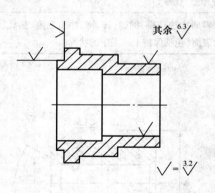

图 3.1-31　表面粗糙度的简化画法　　　图 3.1-32　重复表面、连续表面表面粗糙度的注法

当同一表面上具有不同的表面粗糙度时,须用细实线画出分界线,并注出相应的表面粗糙度,见图 3.1-33 所示。

(4)表面粗糙度数值的选择

零件表面粗糙度数值的选择既要满足使用要求,又要考虑经济性。考虑原则如下:

①在满足零件表面功能要求的前提下,应选用较大的表面粗糙度数值。

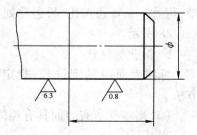

图 3.1-33　同一表面不同表面粗糙度的注法

②在同一零件上,工作表面的粗糙度数值要小于非工作表面的粗糙度数值。

③有配合的表面,其表面粗糙度数值要小于非配合表面的粗糙度数值。

④运动表面的粗糙度数值要小于静止表面的粗糙度数值。

2)零件的尺寸偏差和尺寸公差

在零件图上可以看到,在有些尺寸后面带有正负小数及零等,如图 3.1-34 整体式滑动轴承座中的 $\phi 32^{+0.025}_{0}$ mm,其中的小数和零称为尺寸偏差。为什么要标注尺寸偏差呢? 如图 3.1-34 中立体图所示,外径 $\phi 32$mm 的轴承套,要装在内径 $\phi 32$mm 的轴承座的孔内,要使分别加工后的这两个零件能顺利地装在一起,又能使松紧程度满足使用要求,就必须在加工时,允许零件尺寸有一个变化范围。因为零件在加工过程中受多种因素的影响,要想把某一尺寸做得绝对准确是不可能的,给出尺寸偏差就使加工容易多了。

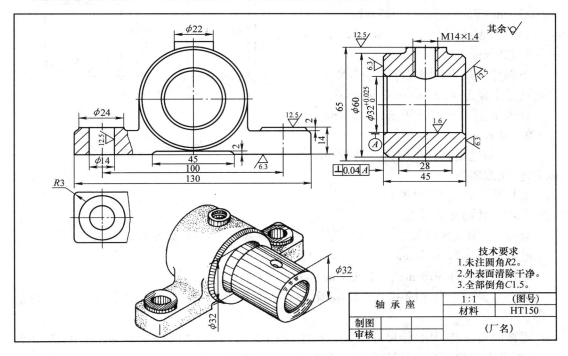

图 3.1-34　整体式滑动轴承座

(1)互换性

在现代化大量或成批生产的条件下,在不同工厂、不同车间、由不同工人制造出的相同规格的零件或部件,不经过选择、修配或调整就能顺利地装配成符合要求的部件或机器,这就叫互换性,要做到这一点,必须把成批相同零件的同一尺寸,控制在一个允许范围内,才能保证实现互换。

(2)基本尺寸、实际尺寸、极限尺寸、尺寸偏差、尺寸公差

①基本尺寸

设计给定的尺寸,如图 3.1-34 中孔与轴套的基本尺寸都为 $\phi 32$ mm。

②实际尺寸

加工后通过测量所得到的尺寸。

③极限尺寸

允许尺寸变化的两个界限值称极限尺寸,其中较大的一个称最大极限尺寸,较小的一个称最小极限尺寸。如图 3.1-35 中:

孔的最大极限尺寸是(ϕ32 + 0.025) mm = ϕ32.025 mm

轴的最大极限尺寸是(ϕ32 − 0.025) mm = ϕ31.975 mm

孔的最小极限尺寸是 ϕ32 mm

轴的最小极限尺寸是(ϕ32 − 0.041) mm = ϕ31.959 mm

④尺寸偏差(简称偏差)

某一尺寸减去基本尺寸所得的代数差。

上偏差 = 最大极限尺寸 − 基本尺寸。如图 3.1-35 中孔的上偏差 = 32.025 mm − 32 mm = +0.025 mm

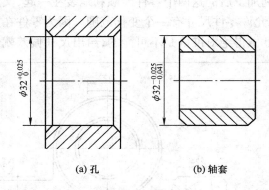

轴的上偏差 = 31.975 mm − 32 mm = − 0.025 mm

下偏差 = 最小极限尺寸 − 基本尺寸

孔的下偏差 = 32 mm − 32 mm = 0

轴的下偏差 = 31.959 mm − 32 mm = − 0.041 mm

(a) 孔　　　　　　(b) 轴套

图 3.1-35　孔与轴尺寸及偏差的标注

上、下偏差通称为极限偏差,偏差可以为正、负或零值。

⑤尺寸公差(简称公差)

允许尺寸的变动量

公差 = 最大极限尺寸 − 最小极限尺寸 = 上偏差 − 下偏差,如图 3.1-35 中

孔的公差 = 32.025 mm − 32 mm = 0.025 mm

轴的公差 = 31.975 mm − 31.959 mm = 0.016 mm

因公差是加工尺寸的一个变化范围,所以它是一个没有正、负号的绝对值,也不可能为零。

看图时要注意,凡是标尺寸偏差的尺寸,都是重要尺寸,务必搞清楚偏差的正、负和大小,从而算出它的两个极限尺寸,加工时要按这个范围加工。

3)零件的形位公差

形状和位置公差简称形位公差,它是指零件要素(点、线、面)的实际形状和实际位置对理想形状和理想位置所允许的变动量。图 3.1-36(a)轴套的孔 ϕ20H6 圆柱面有圆度要求,允许截面圆的误差不大于 0.004mm;轴套孔 ϕ20H6 圆柱面轴线对 ϕ26n6 圆柱面轴线有同轴度要求,允许误差在如 ϕ0.01 的圆柱面公差带范围内,即孔 ϕ20H6 圆柱面轴线的实际位置必须在以圆柱面 ϕ26n6 的轴线为轴线的 ϕ0.01 圆柱面之内。轴套的这两个形位公差,圆度是零件中圆柱面的形状公差,同轴度是零件中两个圆柱面之间的位置公差。

形位公差对机器、仪器等各种产品的性能(如工作精度、连接强度、密封性、运动平稳性、耐磨性、噪声等)都有一定的影响,尤其在高速、高温、高压、重载条件下工作的精密机器与仪器更为重要,因此它与表面粗糙度、极限与配合等一样,是评定产品质量(品质)的重要技术指标。

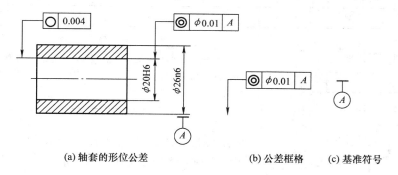

(a)轴套的形位公差　　　　(b)公差框格　　(c)基准符号

图 3.1-36　形位公差的标注

（1）形位公差的分类、特征项目和特征项目符号

形位公差分为 3 类：形状公差、形状或位置公差和位置公差。每类形位公差所包含的特征项目和特征项目符号如表 3.1-8 所示。

（2）形位公差标注

在图样中标注形位公差，用公差框格表示被测要素的公差要求；用带箭头的指引线将公差框格与被测要素相连；相对于被测要素的基准，用基准符号表示。公差框格如图 3.1-36（b）所示，框格用细实线画出，按需要分成两格或多格。第一格注写形位公差特征项目符号；第二格注写形位公差数值；第三格及以后各格注写基准要素或基准体素。框格内字号与图中尺寸数字等高。带箭头的指引线指向被测要素时，其所指方向与被测要素的公差带宽度方向（表示公差大小的方向）一致，当被测要素为轴线、球心或对称平面时，指引线要与该要素的尺寸线对齐，见图 3.1-36（a）。在位置公差中，基准要素用基准符号标注。基准符号如图 3-36（c）。形位公差的标注示例，如表 3.1-10 所示。

表 3.1-8　形位公差的分类、特征项目和符号

分类	形状公差		形状或位置公差		位　置　公　差			
特征项目和符号	特征项目	特征项目符号	特征项目	特征项目符号	特征项目	特征项目符号	特征项目	特征项目符号
	直线度	—	线轮廓度	⌒	平行度	//	同轴(同心)度	◎
	平面度	▱	面轮廓度	⌓	垂直度	⊥	对称度	=
	圆度	○			倾斜度	∠	圆跳动	↗
	圆度柱	⌭			位置度	⊕	全跳动	⌰

表 3.1-9　形位公差标注示例

图　例	说　明
— $\phi0.01$	指引线与尺寸线对齐,表示被测圆柱面的轴线必须位于直径为公差值 $\phi0.01$ mm 的圆柱面内
— 0.01	指引线与尺寸线错开,表示被测圆柱面的任一素线必须位于距离为公差值 0.01 mm 的两平行平面内
// 0.01 A Ⓐ	基准符号与框格分开,被测面必须位于距离为公差值 0.01 mm 且平行于基准平面 A 的两平行平面中
// 0.01 A Ⓐ	任选基准表示被测要素和基准要素需互为基准进行测量。任选基准的基准符号不画短线,而加画箭头
◎ $\phi0.04$ A—B Ⓐ　Ⓑ	被测圆柱面中的轴线必须位于直径为公差值 $\phi0.04$ mm 且与公共基准线 A—B 同轴的圆柱面内
↗ 0.015 C ○ 0.005 Ⓐ	圆柱面的圆跳动、圆度两种形位公差共用同一条指引线

8. 识读零件图

从事工科各专业的专业技术人员都应具备一定的阅读零件图的能力。通常阅读零件图的主要目的是要了解零件的名称、材料、功能、形状结构、质量要求、设计者的设计意图以及加工方法。读零件图的一般方法和步骤如下。

1)读标题栏,概括了解

看一张零件图,首先应从阅读标题栏开始。通过阅读标题栏了解零件的名称、材料、画图比例等信息。

2)分析视图,想象零件的结构形状

分析视图是读零件图的重点内容。了解各视图的名称、表达方法及表达重点。从主视图开始,配合其他视图,结合形体分析法和线面分析法,由大到小,由外向内,由整体到局部逐步想象出零件的结构形状以及各部分结构的作用。

　　3）分析尺寸，了解技术要求

　　了解各方向的尺寸基准以及各部分的定形、定位和总体尺寸。了解各配合面的尺寸公差、有关的形位公差、各表面的粗糙度要求以及其他技术要求。

　　4）将以上内容进行综合归纳

　　将看懂的零件的形状结构、尺寸及公差、表面结构、以及其他各项技术要求进行综合归纳，就得到对于整个零件结构、功能的认识。

　　【3.1-1】　读图3.1-37 电容器架的零件图

　　①读标题栏，概括了解

　　从图3.1-37 所示标题栏可知该零件名称为电容器架，它具薄板类支架零件结构特点；其制作材料为冷轧钢板，牌号为HT300；比例为1：1。

　　②分析视图，想象零件的结构形状

　　电容器架主要用来容纳和支撑电容器。从图3.1-37 可知该零件采用了主视图、左视图和俯视图3 个基本视图。主视图以工作位置安放，表达出零件的主要形状，俯视图反映零件上多数孔的位置和形状，再配置左视图，用来表达支架的弯曲方向及左上方两耳板的外形。其中俯视图中表达了底板上的许多冲孔，并标注了尺寸，由于是通孔，其他视图就不需要表示了。从俯视图左端和左视图下端可以看出弯角处带有小圆角。

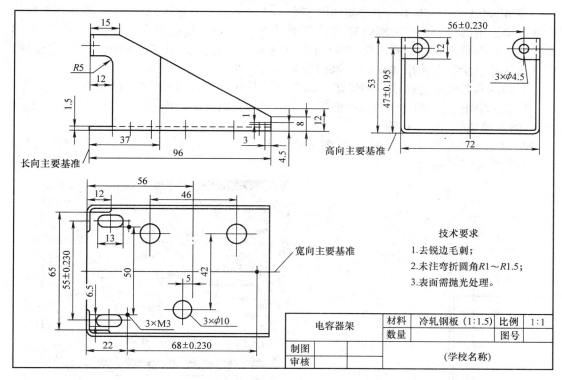

图 3.1-37　电容器架的零件图

　　③分析尺寸，了解技术要求

　　该电容器架，以底板的左端面作为长度方向墓准，标注37 、96 、56 等尺寸；以底板中心线为宽度基准,标注 65 、55 等尺寸:以底板的底面作为高度方向基准,标注 53 、47 等尺寸:定形尺寸按照形体分析法标注。

④综合归纳想整体

通过对零件图中各视图的分析,可得出该零件的结构形状,如图 3.1-38 所示。

图 3.1-38　电容器架的立体图

3.1.2　用 Auto CAD 的图块创建标准件和常用件

在 AutoCAD 中将本不是一个实体的多个实体定义为一个整体,那么这个整体就被称作图块。当点击图块中的任一实体时,整个图块中的实体都将被拾取到。被定义为图块的多个实体各自保留本身的不同属性,并且可以方便地以任意角度、任意比例插入到指定位置。定义图块可以给我们使用 AutoCAD 画图带来很多方便。

下面以六角螺栓为例说明如何在 AutoCAD 中使用图块创建标准件和常用件。

1. 先按国标规定的比例画法绘制好一个轴线垂直放置的公称直径 d 为 10,有效长度 L 为 30 的六角螺栓(图 3.1-39)

2. 在命令提示符下键入 W,用写图块命令将该图块写入文件。此时屏幕上将出现"写块"对话框(图 3.1-40)

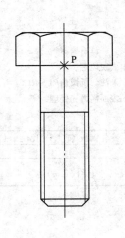

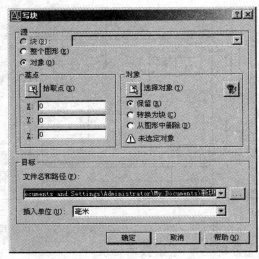

图 3.1-39　轴线垂直放置的　　　　　　　　图 3.1-40　"写块"对话框

d 为 10, L 为 30 的六角螺栓

1）在"源"下：

选择"对象"选项，将图块的来源指定为来自对象，即用鼠标选择要定义为图块的实体。

2）在"对象"下：

点击选择对象左侧的按钮，此时对话框将暂时隐去，用户可用任意选择方式选择已绘制好的螺栓主视图。

3）在"基点"下：

点击"拾取点"左侧的按钮，此时对话框将暂时隐去，用户可选择 P 点为图块的基点。

4）在"目标"下：

点击"文件名和路径"下的按钮，将出现图 3.1-41 所示对话框：

图 3.1-41　浏览图形文件对话框

（1）选择保存位置

在图 3.1-40 所示对话框中点击"保存于"旁边窗口的滚动条，将出现图 3.1-42 所示对话框。用户可在其中选择图块文件的保存位置。

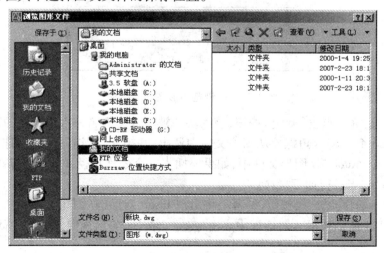

图 3.1-42　浏览图形文件对话框

（2）输入文件名

在"文件名"旁的窗口中键入图块文件的名称，如六角螺栓（图 3.1-43）：

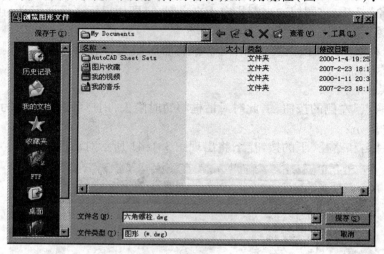

图 3.1-43　浏览图形文件对话框

然后点击［保存］按钮，此时将返回"写块"对话框（图 3.1-44）：

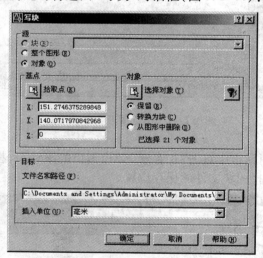

图 3.1-44　浏览图形文件对话框

在上述对话框中点击［确定］按钮，该图块即被写入文件名为六角螺栓的图块文件中。

3. 用 Insert 命令将六角螺栓从图块文件中调出，并插入到当前文件中的指定位置

在任意一个 AutoCAD 图形文件中，如果要插入一个公称直径 d 为 16，有效长度 L 为 50 的六角螺栓时，应当进行如下操作：

在命令提示符下点击 按钮，屏幕上将出现 Insert 对话框（图 3.1-45）：

在图 3.1-44 所示块插入对话框中点击 浏览(B) 按钮，将出现图 3.1-46 所示选择图形文件对话框：

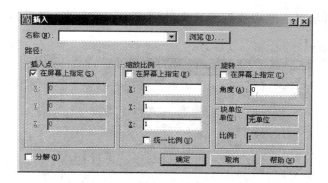

图 3.1-45 块插入对话框

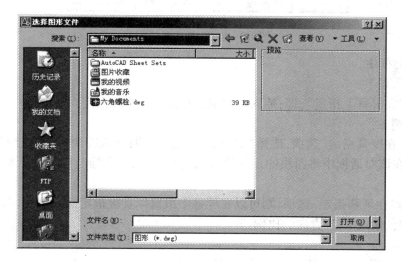

图 3.1-46 选择图形文件对话框

在图 3.1-45 所示选择图形文件对话框中点击搜寻旁边窗口中的滚动条,在其中选择图块文件的保存位置(图 3.1-47):

图 3.1-47 选择图形文件对话框

在图 3.1-46 所示对话框中找到图块文件后双击该文件名,将返回"插入"对话框(图3.1-48):

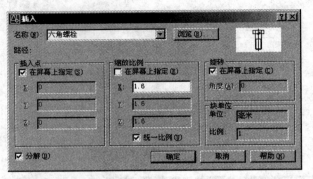

图 3.1-48　块插入对话框

在该对话框中:

1)在插入点下:

选择在"在屏幕上指定",即:插入点由鼠标在屏幕上直接指定。

2)在比例下:

不选择"在屏幕指定"选项,选择"统一比例"选项,即:插入图块时,图块沿 X、Y 方向的比例相同。在该对话框中将图块的比例设置为 1.6(欲插入螺栓与图块中所画螺栓公称直径之比)

(若选择"在屏幕指定"选项,则可以在屏幕上由鼠标直接指定插入比例,或在命令区的提示下,由键盘输入 X、Y 方向的比例。)

3)在旋转下:

选择在"屏幕指定"选项,即指定插入图块时图形的旋转角由鼠标在屏幕指定或在命令的提示下,由键盘输入。

(若不选择"在屏幕指定"选项,即指定插入图块时图形的旋转角在对话框中指定)

4)分解(左下角)

选择分解使插入的螺栓不再是一个整体,以便通过拉伸命令来改变其有效长度使其与题目要求一致。

(若不选择分解,则在此命令下插入的图块仍为一个整体。)

最后点击 确定 按钮,此时对话框被关闭,在命令区出现提示如下:

命令:_ insert

指定块的插入点:指定图块插入点 P

指定旋转角度 <0>:由键盘输入要插入的图形与原图块文件中的图形的夹角 90(逆时针为正,顺时针为负)后按 ENTER 键

此时一个公称直径为 16,有效长度为 $30 \times 1.6 = 48$ 的六角螺栓就被插入到用户所需要的位置上了(图 3.1-49)。

用户可以通过执行拉伸命令来改变螺杆的长度使其长度为 50。注意:为了不改变螺纹的长度,交叉窗口的选择应将螺纹部分包含进来(图 3.1-50)。

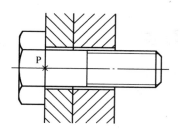

图 3.1-49　使用块插入方式插入的六角螺栓

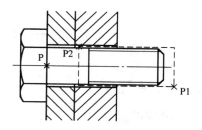

图 3.1-50　交叉窗口的位置选择

复　习　题

1. 什么是电子元器件的零件图？包括哪些内容？

2. 对于电子元器件零件图有哪项特殊的要求？

3. 什么是尺寸链？为什么在标注零件尺寸时，要避免出现封闭的尺寸链？

4. 什么是互换性？有何意义？

5. 什么是表面粗糙度？表面粗糙度 Ra 常用的标准值有哪些？其值的大小与零件表面的粗糙特性有什么关系？

6. 什么是公差？标准公差有哪些等级？公差值与等级有何关系？

7. 什么是形位公差？有哪些类型？如何标注形位公差？

8. 如何在零件图上标注带有公差要求的尺寸？

9. 普通螺纹的公称直径是指什么？螺距、导程、线数之间有何关系？

10. 内外螺纹能够相互旋合的条件是什么？

11. 内外螺纹的规定画法有什么区别？

12. 螺纹紧固件有哪些？常见的连接形式有哪些？各适用于什么场合？

任务 3.2　　阅读装配图

3.2.1　装配图

1. 装配图概述

1）装配图的作用。

一台机器或部件是由许多零件装配而成的。表达机器或部件的图样称为装配图。装配图是设计、制造、装配、检验、安装、使用维修等项工作的重要依据。此外，在交流生产经验、反映设计思想、引进先进技术中，也离不开画和看装配图。装配图是生产中的重要技术文件之一。

2）装配图的内容。

图 3.2-1 所示的高频插座装配图是实际生产用的装配图，从图中可以看出，一张完整的装图应包括四方面内容。

（1）一组图形。用各种表达方法，正确、完整、清晰和简便地表达机器或部件的工作原理，零件的装配关系、连接方式、传动路线以及零件的主要结构形状。

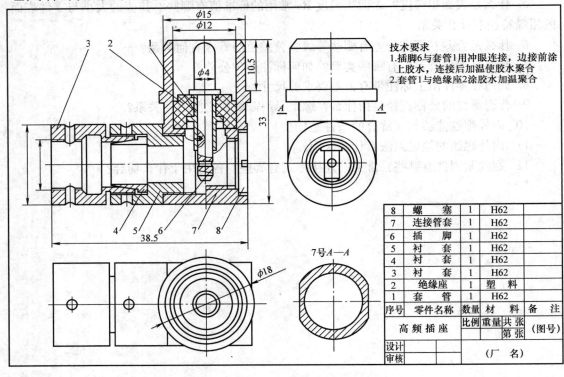

技术要求
1. 插脚6与套管1用冲眼连接，边接前涂上胶水，连接后加温使胶水聚合
2. 套管1与绝缘座2涂胶水加温聚合

8	螺　　塞	1	H62	
7	连接管套	1	H62	
6	插　　脚	1	H62	
5	衬　　套	1	H62	
4	衬　　套	1	H62	
3	衬　　套	1	H62	
2	绝缘座	1	塑料	
1	套　　管	1	H62	
序号	零件名称	数量	材　料	备　注
高频插座		比例 重量	共张 第张	（图号）
设计			（厂　名）	
审核				

图 3.2-1　高频插座装配图

（2）必要的尺寸。在装配图中，应标注出表示机器或部件的性能、规格以及装配、安装检、运输等方面所必需的一些尺寸。

（3）技术要求。用文字或符号注写出机器或部件性能、装配和调整要求、验收条件、试验使用规则等。

（4）零件的编号、明细栏和标题栏。为了便于看图、图样管理和进行生产前准备工作，装配图中，应按一定的格式，对零、部件进行编号，并画出明细栏，明细栏说明机器或部上各零件的序号、名称、数量、材料及备注等。在标题栏中填入机器或部件的名称、重量、图号、比例以及设计、审核者的签名和日期等。

3）装配图的零、部件序号及明细栏。

为了便于看图、装配、图样管理以及做好生产准备工作，需对每个不同的零件或组件编写序号，并填写明细栏。

（1）零、部件序号。

①零、部件序号（或代号）应标注在图形轮廓线外边，并填写在指引线一端的横线上圆圈内，指引线、横线或圆均用细实线画出。指引线应从所指零件的可见轮廓线内引出，在末端画一小圆点，序号字体要比尺寸数字大一号，如图 3.2-2（a）、（b），也允许采用图 3.2-1（c）所示的形式。如所指部分内不宜画圆点时（很薄的零件或涂黑的剖面），可在指引线的端画出箭头，并指向该部分的轮廓，如图 3.2-3 所示。

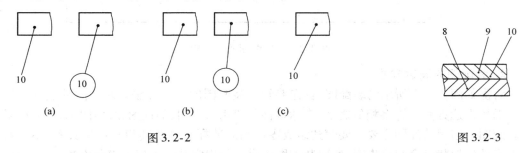

図 3.2-2　　　　　　　　　　　　　　　　图 3.2-3

②指引线相互不能相交，也不要过长，当通过有剖面线区域时，指引线尽量不与剖面线平行。必要时，指引线可画成折线，但只允许曲折一次，如图 3.2-4 所示。

③对于一组紧固件（如螺栓、螺母、垫圈）以及装配关系清楚的零件组，允许采用公共指引线，如图 3.2-5 所示。

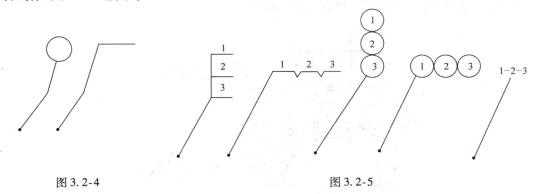

图 3.2-4　　　　　　　　　　　　　　　图 3.2-5

④在装配图中，对同种规格的零件只编写一个序号；对同一标准的部件也只编一个序号。

⑤序号或代号应沿水平或铅垂方向按顺时针或逆时针排列整齐，如图 3.2-1 所示。

⑥为了使指引线一端的横线或圆在全图上布置得均匀整齐，在画零件序号时，应先按一定位置画好横线和圆，然后再与零件一一对应，画出指引线。

2）明细栏。

明细栏是机器或部件中所有零、部件的详细目录,栏内主要填写零件序号、代号、名称、材料、数量、重量及备注等内容。明细栏画在标题栏上方,外框为粗实线,内框为细实线,

当位置不够时,也可在标题栏左方再画一排。明细栏中的零件序号应从下往上顺序填写,以便增加零件时,可以继续向上画格。有时,明细栏也可不画在装配图内,按 A4 幅面单独画出,作为装配图的续页,但在明细栏下方应配置与装配图完全一致的标题栏。图 3.2-6 为国标中规定的明细栏的标准格式。

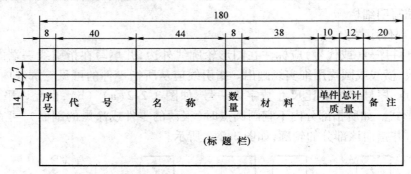

图 3.2-6　装配图的明细栏

2. 装配图的表达方法

看懂如图 3.2-1 所示的装配图,首先要知道装配图的表达方法。装配图的表达方法与零件图的表达方法有许多相似之处,表达零件所使用的视图、剖视图、断面图等,都同样适用于装配图。但因装配图主要是要表达组成零件间的装配关系及其相对位置关系,不需要把每个零件的形状完全表达出来,所以装配图还有一些规定画法和特殊表示方法,看装配图时应予注意。

1)装配图的规定画法。

(1)两个零件的接触面和配合面只画一条线,而当两相邻零件的基本尺寸不相同时,即使间隙很小,也必须画成两条线,如图 3.2-7 所示。

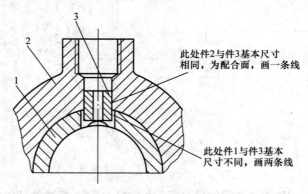

图 3.2-7　配合面的画法

(2)两相邻零件的剖面线方向应相反,如图 3.2-7 中的件 1 和件 2;或方向一致,间隔不同,如图 3.2-7 中的件 1 和件 3,但应注意同一个零件的各视图剖面线方向和间隔应一致。

(3)当剖切平面通过实心件和标准件的轴线时按不剖画出,如图 3.2-8 中的轴、螺钉、

螺母、平键等。如果这些零件上有孔或槽,可用局部剖视画出。

2)装配图的特殊画法。

(1)拆卸画法。

在某一个视图中.当某些可拆卸的零件(如手轮、盖子、外壳等)遮住了其他零件而影响其清晰表达时.可假想把该零件拆去后,绘制要表达的部分。采用拆卸画法,一般应在图的上方注上"拆去 X X"、"拆去 X – X 号件"等字样,如图 3.2-9 所示。

(2)假想画法。

当需要表示某些零件的运动范围和极限位置时,可用双点画线画出运动零件的极限位置的轮廓,如图 3.2-10 所示的钮子开关,其主视图表达了手柄左右拨动的极限位置。

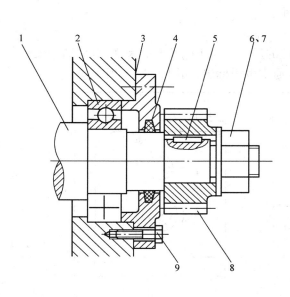

图 3.2-8　剖切实心件的规定画法和一些简化画法

1—轴　2—轴承　3—垫片　4—毡圈

5—平键　6、7—螺母、垫圈　8—齿轮　9—螺钉

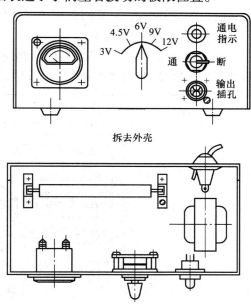

图 3.2-9　拆卸画法

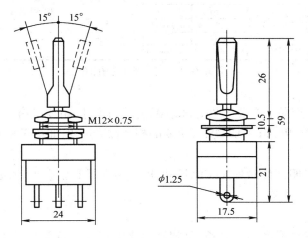

图 3.2-10　假想画法

（3）简化画法

①对螺纹联接件的若干相同的零件组，可以详细地画出一组或几组，其余可用点画线表示出中心位置，如图3.2-8所示的螺钉联接，图中应有相同的两组，但只画出一组，另一组用中心线表示其位置。

②零件的工艺结构如圆角、倒角、退刀槽等可以省略不画，如图3.2-8中所示的轴，就省去了轴端倒角、退刀槽等结构。

③滚动轴承可以只画出投影的一半，另一半用简化画法，如图3.2-8所示的滚动轴承。

3. 装配图上的尺寸

装配图和零件图的用途不同，因此对图上标注尺寸的要求也不一样。装配图上不需要标注出每个零件的尺寸，只需标出下列几种尺寸。

1）特征尺寸（规格尺寸）

规格性能尺寸是说明产品性能、规格和特性的尺寸。对于电子产品来说，有些结构尺寸虽然不是规格尺寸，但对产品性能有影响，所以通常也需标出，如图3.2-11所示。

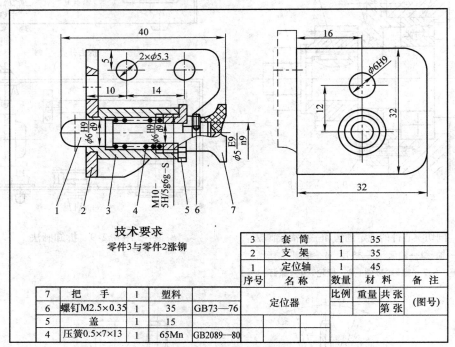

技术要求

零件3与零件2涨铆

7	把　　手	1	塑料	
6	螺钉M2.5×0.35	1	35	GB73—76
5	盖	1	15	
4	压簧0.5×7×13	1	65Mn	GB2089—80

3	套　　筒	1	35	
2	支　　架	1	35	
1	定 位 轴	1	45	
序号	名　称	数量	材料	备注
		比例	重量	共张
	定位器			第张
				（图号）

图3.2-11　定位器的装配图

2）装配尺寸

装配尺寸是表示产品上有关零件之间装配关系的尺寸，主要是有公差要求的配合尺寸。如图3.2-11中 $\phi6H9/d9$、$\phi5E9/h9$ 等；或重要的相互位置尺寸，如图3.2-11中的12、14等。

3）安装尺寸

安装尺寸用以说明部件对外连接的尺寸，即安装孔径和中心距等，如图3.2-11中的2 – $\phi5.3$、14、10等。

4）外形尺寸

外形尺寸是用以说明产品的总长、总宽和总高的尺寸。这类尺寸对产品在包装、运输、安装、厂房设计时有用。如图 3.2-1 中的 38.5、33，图 3.2-11 中的 40、32 等。

　5）其他尺寸

　这类尺寸是指经过设计计算或按经验确定出来的一些重要尺寸。

　上述五类尺寸，在一张装配图上不一定同时都有，应根据装配体的情况具体分析。

4. 装配图的配合尺寸

　装配图中的配合尺寸是表示零件间配合性质的尺寸，零件表面间的配合性质直接影响机器或部件的工作性能，在装配图上要进行标注，如图 3.2-11 中所示的 $\phi 6H9/d9$ 等，看图时要搞清配合尺寸中配合代号的意义。

　1）配合

　所谓配合就是基本尺寸相同的，相互结合的孔和轴公差带之间的关系。

　在机器或部件中，由于各零件的作用和工作情况不同，因此要求配合的松紧程度也不相同。如图 3.2-12 所示的滑动轴承中，轴承套 2 装在轴承座 1 中要求紧固不松动，而轴 3 装在轴承套 2 中则要求可以在轴套中自由转动。在零件图的技术要求中提到，为保证零件的互换性和满足使用要求，设计零件时要给有配合的尺寸规定恰当的基本偏差和公差等级。为满足上述轴与轴套零件的要求，规定轴套内孔的尺寸为 $\phi 22_{\ 0}^{+0.033}$ mm，与其相配合的轴的尺寸为 $\phi 22_{-0.072}^{-0.020}$ mm。若按所规定的尺寸加工该轴和孔，那么装配后轴、孔配合的松紧程度就能满足使用要求，即轴可在轴套内自由转动。

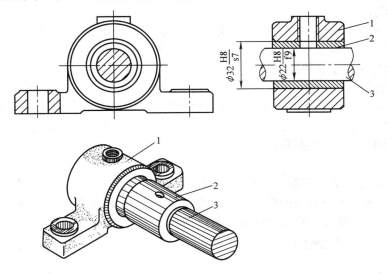

图 3.2-12　滑动轴承

　为了表示轴与孔的配合关系，可用示意图 3.2-13（a）来表示。为了简化图形，也可以用如图 3.2-13（b）的公差带图来表示。所谓公差带就是表示孔或轴公差大小和相对于零线位置的一个带状区域，零线是表示基本尺寸的直线。从公差带图上可以看出轴、孔公差带的关系，可以看出轴、孔配合的松紧程度，所以配合又可解释为基本尺寸相同的轴、孔（包括一切内、外表面，非圆表面）公差带之间的关系。

　2）配合的种类

　根据部件的使用要求不同，国标将配合分成间隙配合、过盈配合和过渡配合三类。

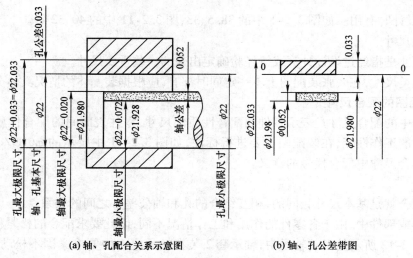

(a) 轴、孔配合关系示意图　　　　(b) 轴、孔公差带图

图 3.2-13　轴和孔的配合关系

在轴与孔的配合中,如果孔的实际尺寸大于轴的实际尺寸时,就产生间隙,即孔的尺寸减去轴的尺寸,得到的代数差为正值。

在轴与孔的配合中,如果孔的实际尺寸小于轴的实际尺寸时,就产生过盈,即孔的尺寸减去轴的尺寸,得到的代数差为负值。

（1）间隙配合

按照这种配合要求加工的一批孔和轴,孔的实际尺寸总比轴大,即具有间隙(包括最小间隙等于零)的配合,在示意图上,孔公差带在轴公差带之上,如图 3.2-14 所示。图 3.2-12 中的轴与轴承套就属于这种配合。

（2）过盈配合

按照这种配合要求加工的一批孔和轴,孔的实际尺寸总比轴小,即具有过盈(包括最小过盈等于零的配合),在示意图上,孔的公差带在轴的公差带之下,如图 3.2-15 所示。图 3.2-12 中的轴承套与轴承座就属于这种配合。

（3）过渡配合

按照这种配合要求加工的一批孔和轴,孔的实际尺寸可能比轴大(具有间隙),也可能比轴小(具有过盈),但具有的间隙和过盈都很小,这是介于间隙和过盈之间的一种配合,在示意图上,孔的公差带与轴的公差带相互交叠,如图 3.2-16 所示。

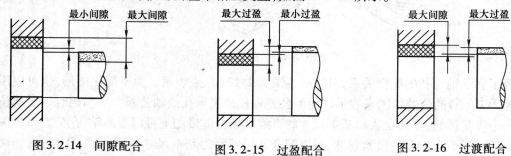

图 3.2-14　间隙配合　　　　图 3.2-15　过盈配合　　　　图 3.2-16　过渡配合

5. 标准公差和基本偏差

由公差带图可以看出,公差带是由"公差带的大小"和"公差带相对零线的位置"两个要素构成的。国标《极限与配合》中规定了标准公差,它是用来确定公差带大小的;又规定了

基本偏差,它是用来确定公差带相对于零线位置的;由此可知,在零件设计时,其基本偏差和公差等级都应按国标规定来选择,而不是任意确定的。

1)标准公差

"标准公差"是国家标准规定的,用以确定公差带大小的任一公差。标准公差数值与基本尺寸分段和公差等级有关。公差等级是确定尺寸精确程度的等级。国家标准将公差等级分为20级,即由IT01、IT0、IT1、IT2、…至IT18。IT表示公差,数字表示公差等级。从IT01至IT18尺寸精度依次降低,相应的公差值依次增大,表3.2-1是标准公差数值表。

表3.2-1　标准公差数值表

基本尺寸 /mm		标准公差等级																	
大于	至	IT1	IT2	IT3	IT4	IT5	IT6	IT7	IT8	IT9	IT10	IT11	IT12	IT13	IT14	IT15	IT16	IT17	IT18
		μm											mm						
—	3	0.8	1.2	2	3	4	6	10	14	25	40	60	0.1	0.14	0.25	0.4	0.6	1	1.4
3	6	1	1.5	2.5	4	5	8	12	18	30	48	75	0.12	0.18	0.3	0.48	0.75	1.2	1.8
6	10	1	1.5	2.5	4	6	9	15	22	36	58	90	0.15	0.22	0.36	0.58	0.9	1.5	2.2
10	18	1.2	2	3	5	8	11	18	27	43	70	110	0.18	0.27	0.43	0.7	1.1	1.8	2.7
18	30	1.5	2.5	4	6	9	13	21	33	52	84	130	0.21	0.33	0.52	0.84	1.3	2.1	3.3
30	50	1.5	2.5	4	7	11	16	25	39	62	100	160	0.25	0.39	0.62	1	1.6	2.5	3.9
50	80	2	3	5	8	13	19	30	46	74	120	190	0.3	0.46	0.74	1.2	1.9	3	4.6
80	120	2.5	4	6	10	15	22	35	54	87	140	220	0.35	0.54	0.87	1.4	2.2	3.5	5.4

2)基本偏差

基本偏差是上、下偏差中的一个,一般是指靠近零线的那个极限偏差,国家标准一共规定了28个基本偏差。当公差带位于零线上方时,基本偏差为下偏差;当公差带位于零线下方时,基本偏差为上偏差。图3.2-17是国家标准规定的28个孔的基本偏差和28个轴的基本偏差。

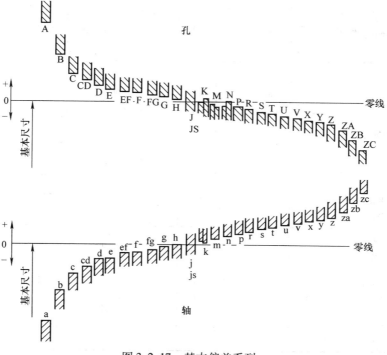

图3.2-17　基本偏差系列

在设计零件时,根据零件的工作性能要求,确定其加工精度等级和配合松紧程度,即确定其标准公差等级和基本偏差类别,从而计算出零件的极限偏差。在实际使用中不用计算,可直接查阅国家标准中已列出的孔、轴极限偏差表,即可得到所需的偏差。表 3.2-2 和表 3.2-3 是《极限与配合》国家标准优先配合中的轴与孔的极限偏差。

表 3.2-2　孔的常用极限偏差(摘自 GB/T 1800.4—1999)

基本尺寸/mm		公差带/μm												
		C	D	F	G	H				K	N	P	S	U
大于	至	11	9	8	7	7	8	9	11	7	7	7	7	7
—	3	+120 +60	+45 +20	+20 +6	+12 +2	+10 0	+14 0	+25 0	+60 0	0 -10	-4 -14	-6 -16	-14 -24	-18 -28
3	6	+145 +70	+60 +30	+28 +10	+16 +4	+12 0	+18 0	+30 0	+75 0	+3 -9	-4 -16	-8 -20	-15 -27	-19 -31
6	10	+170 +80	+76 +40	+35 +13	+20 +5	+15 0	+22 0	+36 0	+90 0	+5 -10	-4 -19	-9 -24	-17 -32	-22 -37
10	14	+205 +95	+93 +50	+43 +16	+24 +6	+18 0	+27 0	+43 0	+110 0	+6 -12	-5 -23	-11 -29	-21 -39	-26 -44
14	18	+205 +95	+93 +50	+43 +16	+24 +6	+18 0	+27 0	+43 0	+110 0	+6 -12	-5 -23	-11 -29	-21 -39	-26 -44
18	24	+240 +110	+117 +65	+53 +20	+28 +7	+21 0	+33 0	+52 0	+130 0	+6 -15	-7 -28	-14 -35	-27 -48	-33 -54
24	30	+240 +110	+117 +65	+53 +20	+28 +7	+21 0	+33 0	+52 0	+130 0	+6 -15	-7 -28	-14 -35	-27 -48	-40 -61
30	40	+280 +120	+142 +80	+64 +25	+34 +9	+25 +0	+39 0	+62 0	+160 0	+7 -18	-8 -33	-17 -42	-34 -59	-51 -76
40	50	+290 +130	+142 +80	+64 +25	+34 +9	+25 +0	+39 0	+62 0	+160 0	+7 -18	-8 -33	-17 -42	-34 -59	-61 -86
50	65	+330 +140	+174 +100	+76 +30	+40 +10	+30 0	+46 0	+74 0	+190 0	+9 -21	-9 -39	-21 -51	-42 -72	-76 -106
65	80	+340 +150	+174 +100	+76 +30	+40 +10	+30 0	+46 0	+74 0	+190 0	+9 -21	-9 -39	-21 -51	-48 -78	-91 -121
80	100	+390 +170	+207 +120	+90 +36	+47 +12	+35 0	+54 0	+87 0	+220 0	+10 -25	-10 -45	-24 -59	-58 -93	-111 -146
100	120	+400 +180	+207 +120	+90 +36	+47 +12	+35 0	+54 0	+87 0	+220 0	+10 -25	-10 -45	-24 -59	-66 -101	-131 -166
120	140	+450 +200	+245 +145	+106 +43	+54 +14	+40 0	+63 0	+100 0	+250 0	+12 -28	-12 -52	-28 -68	-77 -117	-155 -195
140	160	+460 +210	+245 +145	+106 +43	+54 +14	+40 0	+63 0	+100 0	+250 0	+12 -28	-12 -52	-28 -68	-85 -125	-175 -215
160	180	+480 +230	+245 +145	+106 +43	+54 +14	+40 0	+63 0	+100 0	+250 0	+12 -28	-12 -52	-28 -68	-93 -133	-195 -235

续表

基本尺寸/mm		公差带/μm												
大于	至	C	D	F	G		H			K	N	P	S	U
		11	9	8	7	7	8	9	11	7	7	7	7	7
180	200	+530 +240											-105 -151	-219 -265
200	225	+550 +260	+285 +170	+122 +50	+61 +15	+46 0	+72 0	+115 0	+290 0	+13 -33	-14 -60	-33 -79	-113 -159	-241 -287
225	250	+570 +280											-123 -169	-267 -313
250	280	+620 +300	+320 +190	+137 +56	+69 +17	+52 0	+81 0	+130 0	+320 0	+16 -36	-14 -66	-36 -88	-138 -190	-295 -347
280	315	+650 +330											-150 -202	-330 -382
315	355	+720 +360	+350 +210	+151 +62	+75 +18	+57 0	+89 0	+140 0	+360 0	+17 -40	-16 -73	-41 -98	-169 -226	-369 -426
355	400	+760 +400											-187 -244	-414 -471
400	450	+840 +440	+385 +230	+165 +68	+83 +20	+63 0	+97 0	+155 0	+400 0	+18 -45	-17 -80	-45 -108	-209 -279	-467 -530
450	500	+880 +480											-229 -292	-517 -580

表 3.2-3 轴的常用极限偏差(摘自 GB/T 1800.4—1999)

基本尺寸/mm		公差带/μm												
大于	至	c	d	f	g		h			k	n	p	s	u
		11	9	7	6	6	7	9	11	6	6	6	6	6
—	3	-60 -120	-20 -45	-6 -16	-2 -8	0 -6	0 -10	0 -25	0 -60	+6 0	+10 +4	+12 +6	+20 +14	+24 +18
3	6	-70 -145	-30 -60	-10 -22	-4 -12	0 -8	0 -12	0 -30	0 -75	+9 +1	+16 +8	+20 +12	+27 +19	+31 +23
6	10	-80 -170	-40 -76	-13 -28	-5 -14	0 9	0 -15	0 -36	0 -90	+10 +1	+19 +10	+24 +15	+32 +23	+37 +28
10	14	-95 -205	-50 -93	-16 -34	-6 -17	0 -11	0 -18	0 -43	0 -110	+12 +1	+23 +12	+29 +18	+39 +28	+44 +33
14	18													
18	24	-110 -240	-65 -117	-20 -41	-7 -20	0 -13	0 -21	0 -52	0 -130	+15 +2	+28 +15	+35 +22	+48 +35	+54 +41
24	30													+61 +48

基本尺寸/mm		公差带/μm												
		c	d	f	g	h				k	n	p	s	u
大于	至	11	9	7	6	6	7	9	11	6	6	6	6	6
30	40	−120 −280	−80 −142	−25 −50	−9 −25	0 −16	0 −25	0 −62	0 −160	+18 +2	+33 +17	+42 +26	+59 +43	+76 +60
40	50	−130 −290	−80 −142	−25 −50	−9 −25	0 −16	0 −25	0 −62	0 −160	+18 +2	+33 +17	+42 +26	+59 +43	+86 +70
50	65	−140 −330	−100 −174	−30 −60	−10 −29	0 −19	0 −30	0 −74	0 −190	+21 +2	+39 +20	+51 +32	+72 +53	+106 +87
65	80	−150 −340	−100 −174	−30 −60	−10 −29	0 −19	0 −30	0 −74	0 −190	+21 +2	+39 +20	+51 +32	+78 +59	+121 +102
80	100	−170 −390	−120 −207	−36 −71	−12 −34	0 −22	0 −35	0 −87	0 −220	+25 +3	+45 +23	+59 +37	+93 +71	+146 +124
100	120	−180 −400	−120 −207	−36 −71	−12 −34	0 −22	0 −35	0 −87	0 −220	+25 +3	+45 +23	+59 +37	+101 +79	+166 +144
120	140	−200 −450	−145 −245	−43 −83	−14 −39	0 −25	0 −40	0 −100	0 −250	+28 +3	+52 +27	+68 +43	+117 +92	+195 +170
140	160	−210 −460	−145 −245	−43 −83	−14 −39	0 −25	0 −40	0 −100	0 −250	+28 +3	+52 +27	+68 +43	+125 +100	+215 +190
160	180	−230 −480	−145 −245	−43 −83	−14 −39	0 −25	0 −40	0 −100	0 −250	+28 +3	+52 +27	+68 +43	+133 +108	+235 +210
180	200	−240 −530	−170 −285	−50 −96	−15 −44	0 −29	0 −46	0 −115	0 −290	+33 +4	+60 +31	+79 +50	+151 +122	+265 +236
200	225	−260 −550	−170 −285	−50 −96	−15 −44	0 −29	0 −46	0 −115	0 −290	+33 +4	+60 +31	+79 +50	+159 +130	+287 +258
225	250	−280 −570	−170 −285	−50 −96	−15 −44	0 −29	0 −46	0 −115	0 −290	+33 +4	+60 +31	+79 +50	+169 +140	+313 +284
250	280	−300 −620	−190 −320	−56 −108	−17 −49	0 −32	0 −52	0 −130	0 −320	+36 +4	+66 +34	+88 +56	+190 +158	+347 +315
280	315	−330 −650	−190 −320	−56 −108	−17 −49	0 −32	0 −52	0 −130	0 −320	+36 +4	+66 +34	+88 +56	+202 +170	+382 +35
315	355	−360 −720	−210 −350	−62 −119	−18 −54	0 −36	0 −57	0 −140	0 −360	+40 +4	+73 +37	+98 +62	+226 +190	+426 +390
355	400	−400 −760	−210 −350	−62 −119	−18 −54	0 −36	0 −57	0 −140	0 −360	+40 +4	+73 +37	+98 +62	+244 +208	+471 +435
400	450	−440 −840	−230 −385	−68 −131	−20 −60	0 −40	0 −63	0 −155	0 −400	+45 +5	+80 +40	+108 +68	+272 +232	+530 +490
450	500	−480 −880	−230 −385	−68 −131	−20 −60	0 −40	0 −63	0 −155	0 −400	+45 +5	+80 +40	+108 +68	+292 +252	+580 +540

6. 两种基准制

根据零件的工作性能要求,确定零件之间的配合要求和类别。在制造互相配合的零件时,把其中一个零件作为基准件,使其基本偏差不变,而通过改变另一个非基准件的基本偏差的变化达到不同的配合,这样就产生了两种基准制。采用基准制是为了统一基准件的极限偏差,从而达到减少刀具、量具的规格数量,获得最大的技术经济效益。

1)基孔制

基本偏差为一定的孔的公差带,与不同基本偏差的轴的公差带形成的各种配合的一种制度。

基孔制配合的孔称为基准孔,国家标准规定基准孔的下偏差为零,H 为基准孔的基本偏差,基孔制的轴的基本偏差从 a 到 h 为间隙配合;j 到 ZC 为过渡配合和过盈配合。

2)基轴制

基本偏差为一定的轴的公差带,与不同基本偏差的孔的公差带形成各种配合的一种制度。

基轴制配合的轴称为基准轴,国家标准规定基准轴的上偏差为零,h 为基准轴的基本偏差。基轴制的孔的基本偏差从 A 到 H 为间隙配合;J 到 ZC 为过渡配合和过盈配合。

由于加工时,轴的尺寸比孔的尺寸容易保证,因此国家标准规定,在一般情况下优先选用基孔制。

7. 公差与配合在图样上的标注

1)装配图中的标注

在装配图上标注配合代号,代号是在基本尺寸之后注写一个分式形式,分子写孔的基本偏差代号(大写字母)和公差等级,分母写轴的基本偏差代号(小写字母)和公差等级,
即

$$基本尺寸\frac{孔的基本偏差代号、公差等级}{轴的基本偏差代号、公差等级}$$

若为基孔制,则上式中孔的基本偏差代号为基准孔代号 H,若为基轴制,则轴的基本偏差代号为基准轴代号 h,标注方法举例如表 3.2-4 所示。

表 3.2-4　配合代号标注方法举例

标注举例	注　　解
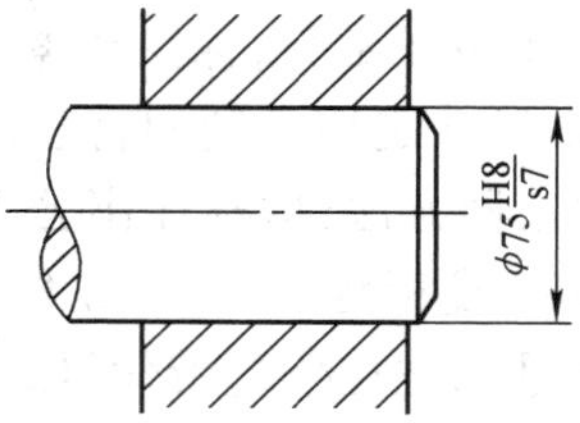	$\phi 75 H8/s7$ 表示基本尺寸为 75 mm 的基孔制过盈配合,基准孔的基本偏差代号为 H,标准公差等级为 8 级,轴的基本偏差代号为 s,标准公差等级为 7 级

标 注 举 例	注　　解
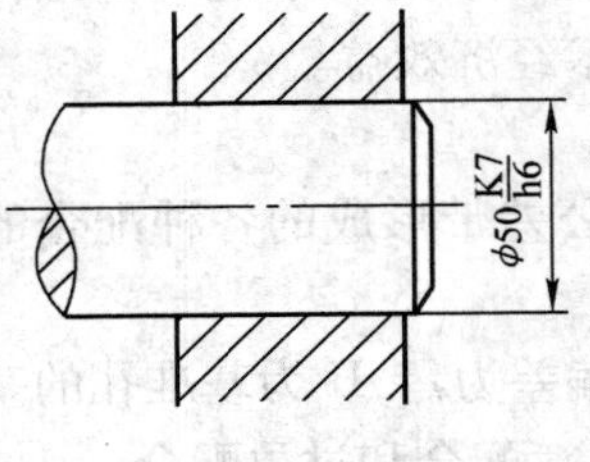	ϕ50K7/h6 表示基本尺寸为 50 mm 的基轴制过渡配合,基准轴的基本偏差代号为 h,标准公差等级为 6 级,孔的基本偏差代号为 K,标准公差等级为 7 级
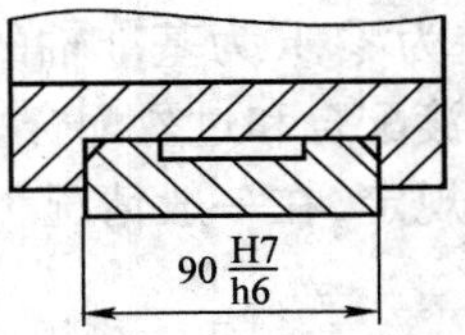	ϕ90H7/h6 表示基本尺寸为 90 mm,基孔制,间隙配合,基准孔的基本偏差代号为 H,公差等级为 7 级,轴的基本偏差代号为 h,公差等级为 6 级
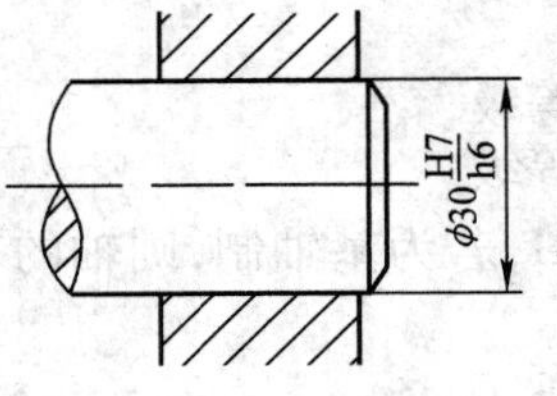	ϕ30H7/h6,一般看做基孔制,但也可看做基轴制,它是一种最小间隙为零的间隙配合

2)零件图中的标注

在零件图上,把相配合的两零件的基本偏差代号和公差等级(或极限偏差数值),分别标注到孔或轴的基本尺寸之后,即将装配图上所注的配合代号的分子部分,标注在零件图上该孔的基本尺寸之后;将分母部分标注到零件图上该轴的基本尺寸之后。例如将装配图上的配合尺寸 ϕ60H8/f7 标注在零件图上有如图 3.2-18 所示的三种方法,即标注出公差带代号(包括基本偏差代号和标准公差等级),如图 3.2-18(a);或标注出偏差数值,如图 3.2-18(c)、(d);或既标注出公差带代号,又把偏差数值用括号标注在公差带代号之后,如图 3.2-18(b)。

在标注偏差数值时需查出极限偏差,例如 ϕ60H8,在表 3.2-2 上代号一栏中找到 H,再查公差等级为 8 的一列,和基本尺寸 >50 ~ 65 的一行,得到上偏差为 +46 μm,即 +0.046 mm,

下偏差为零。对于 $\phi60f7$，则从表 3.2-3 上以类似的方法，查得上偏差为 $-0.030\ mm$，下偏差为 $-0.060\ mm$。

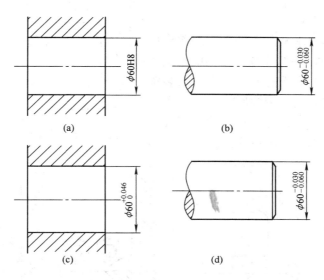

图 3.2-18 零件图上的标注方法

8. 装配结构工艺性

1）装配结构工艺性的概念

在进行部件设计、绘图时，不仅要考虑使部件的结构能充分地满足机械的运转和功能方面的要求，还需考虑使这些要求尽可能在高生产率、低成本的条件下予以实现。也就是说，要在满足使用要求的前提下，使零件之间的连接及装配工艺过程最简单、最方便；使其装配精度得到最可靠的保证，而成本又降低到可能的最低程度。部件的结构能满足上述这些要求，则认为其具有良好的装配结构工艺性，反之，就认为其结构工艺性较差或低劣。

2）常见的装配工艺结构

根据装配工艺的要求，设计时应考虑下面一些结构问题；

（1）合理的接触面

为使装配过程易于实现，减少加工和装配的难度及工作量，并保证装配精度，应避免相配合的零件在同一方向上有两个以上的表面同时接触，如图 3.2-19 所示。

（2）考虑装拆的可能性和方便性

部件或机器在结构上必须能保证各零件按预定顺序实现装拆，且应力求使

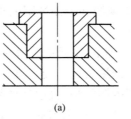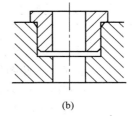

图 3.2-19 合理的接触面

装配方法和装配所使用的工具最简便。图 3.2-20（a）所示的结构，套筒装入后将很难拆下，作为可拆式连接，显然其结构是不合理的，如果改为图 3.2-20（b）的结构，当需要拆下套筒时，可用螺钉从左端将套筒顶出。

　　安装螺钉或螺栓处,均应留有装入螺钉或旋动扳手所需的空间,如图3.2-21 和图3.2-22

3.2.2　分析装配图

　　看装配图,就是要求从装配图上了解部件的用途、性能、工作原理、各组成零件之间的装配关系和技术要求等。此外还应了解各零件在装配体上的作用,想象出它们的结构形状。

　　现以图 3.2-23 所示折叠式摇臂旋钮装配图为例,说明看装配图的方法和步骤。

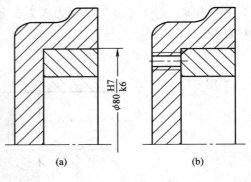

图 3.2-20　套筒的拆卸

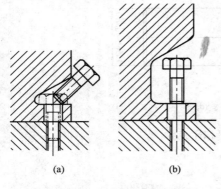

(a)　　　　　　　　(b)

图 3.2-21　预留的装拆空间

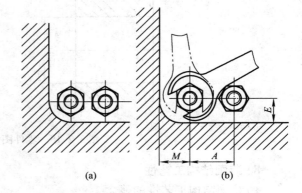

(a)　　　　　　　　(b)

图 3.2-22　预留的装拆空间

　　1)概括了解,弄清装配体的功能和性能。

　　先看标题栏,了解装配体的名称,有时还要参看文字说明书等,从而了解它的功用、性能和规格。

　　如图 3.2-23 所示,从标题栏中可以看出,该部件的名称为折叠式摇臂旋钮,通过产品说明书和有关资料知道它是装在电台发射机上调节空气可变电容器的,用以调节波长。通过明细栏知道该部件由 15 种零件组成。

　　2)明确视图关系和表达意图。

　　这一步就是要了解基本视图和辅助视图的数量、表达方法和目的,弄清楚各视图之间的投影关系。

　　图 3.2-23 折叠式摇臂旋钮的装配图采用的视图有以下 4 种:

　　(1)主视图。此图用全剖视表达了旋钮、摇柄和支臂部分各零件间的装配关系。

　　(2)右视图。此图采用拆卸画法,表达外形和有关零件的相对位置关系。

　　(3)B—B 剖视图。此图用来表示摇柄和支臂之间的装配关系。

　　(4)C—C 剖面图。此图用来表示槽板 3、旋钮 1 和轴套 5 之间的连接关系。

　　3)分析和想象零件形状,搞清装配关系和工作原理。

　　这个环节是看图的关键,应从反映装配关系比较明显的视图入手,配合其他视图,抓住装配干线,分析装配体上互相有关的各零件。

　　图 3.2-23 折叠式摇臂旋钮分旋转部分、支臂部分、摇柄滑动部分、摇柄与支臂连接部分

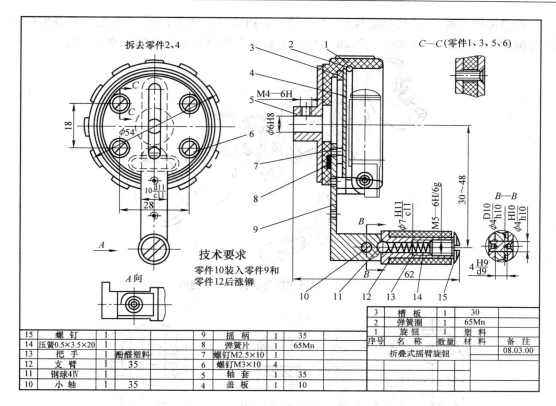

图 3.2-23　折叠式摇臂旋钮装配图

等 4 部分,并分别用四条装配干线来装配。

（1）旋转部分。从主视图、右视图、C—C 剖面图可知,旋钮 1、轴套 5、槽板 3 用 4 个沉头螺钉连接起来,为保持内部清洁,外形美观,槽板外面有盖板 4,用弹簧圈 2 挡住。

（2）支臂部分。从 A 向局部视图中可以看出,摇柄 9 与支臂 12 结合处的外形结构保证支臂的轴线与旋钮 1 的轴线平行。把手 13 与支臂 12 之间采用间隙配合,使其转动灵活。支臂 12 的定位是通过压簧 14 压住钢球 11 嵌入摇柄 9 的锥孔中来实现的。

（3）摇柄滑动部分。摇柄 9 上装有螺钉 7,其头部嵌入槽板的槽中,防止摇柄 9 从旋钮中脱出。当螺钉 7 拧入摇柄 9 上位置不同的螺孔时,可改变操作时的力臂。摇柄 9 装在旋钮的槽中,采用间隙配合,用弹簧片 8 压住。

（4）摇柄与支臂连接部分。支臂 12 与摇柄 9 用小轴 10 铆在一起,是采用 B—B 剖视图来表达的。它们之间用间隙配合,使支臂能灵活转动。通过分析零件的作用和装配关系,可以想象出零件的结构形状。

4）归纳总结。

通过上述分析,进行归纳总结,以便对部件有一个完整的全面认识。根据工作原理,综合分析整个部件的结构特点、安装方法和装拆顺序。

主视图反映了折叠式摇臂旋钮的工作位置,轴套 5 用 M4 的螺钉连接在电容器的轴上。调节时,握住把手 13 作快速连续转动,调节完后,为防止碰坏摇柄 9 等零件,把摇柄 9 推入旋钮 1 的槽内,并将支臂 12 等折叠在旋钮的空腔中,如主视图中的双点画线所示。

　　若慢速调节时,不必将摇柄拉出,直接转动旋钮即可。图 3.2-24 为折叠式摇臂旋钮的分解轴测图。图 3.2-25 和图 3.2-26 分别为由装配图拆画的支臂和槽板的零件图。

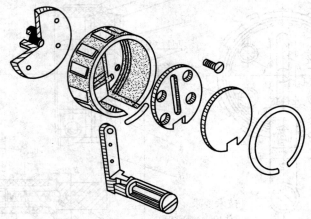

图 3.2-24　折叠式摇臂旋钮分解轴测图

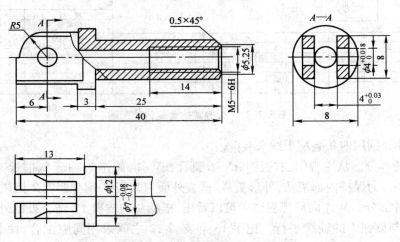

图 3.2-25　支臂的零件图

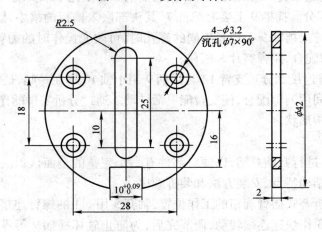

图 3.2-26　槽板的零件图

复　习　题

1. 什么是装配图？装配图包含哪些内容？
2. 装配图的尺寸一般包含哪几类？
3. 两个零件接触时，在同一方向上只宜有几对接触面？
4. 装配图的特殊表达方法、规定画法有哪些？
5. 标准公差有哪些等级？公差值与等级有何关系？
6. 什么是基本偏差？轴、孔的基本偏差代号各有哪些？
7. 什么是配合？有哪些类型？配合类型与轴孔公差带的相对位置有什么联系？
8. 什么是基孔制、基轴制？其中基孔制、基轴制的基本偏差代号是什么？
9. 读装配图的步骤有哪些？

项目四 电气图基础

【学习目标】

1. 知识要求

1）了解电气工程图的制图规定。

2）了解常用电气工程图。

3）掌握常用电气图形符号,电气技术中的文字符号和项目代号。

4）掌握电气工程 CAD 制图规范。

2. 技能要求

1）能够利用电器工程图样常用表达方法的知识,识读常见电气工程图。

2）利用 AutoCAD 绘制电气工程图。

任务 4.1 电气图常用符号

电气工程图是一种示意性的工程图,它主要用图形符号、线框来简化外形表示设备或表达系统中各有关组成部分的连接关系。是电气工程设计部门设计、绘制的图样,供施工单位按图样组织工程施工,所以图样必须有设计、施工等部门共同遵守的一定的格式和一些基本规定,本节摘要介绍国家标准 GB/T18135—2000《电气工程 CAD 制图规则》中常用的有关规定。

1. 电气工程图纸的国标

1）图纸的尺寸

绘制图样时,图纸幅面尺寸代号由"A"和相应的幅面号组成,即 A0 ～ A4。基本幅面共有五种,其尺寸关系如图 1.1-36 所示。

幅面代号的几何含义,实际上就是对 0 号幅面的对开次数。如 A1 中的"1",表示将全张纸(A0 幅面)长边对折裁切一次所得的幅面;A4 中的"4",表示将全张纸长边对折裁切四次所得的幅面,如图 4.1-1 所示。

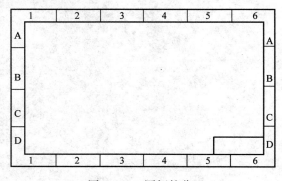

图 4.1-1 图幅的分区

必要时,允许沿基本幅面的短边成整数倍加长幅面,但加长量必须符合国家标准(GB/T14689—93)中的规定。

在电气工程图中,图框的尺寸要根据图纸幅面大小以及是否需要装订确定,图框线必须用粗实线绘制。图框格式分为留有装订边和不留装订边两种,如图1.1-34和图1.1-35所示。两种格式图框的周边尺寸 a、c、e 见图1.1-36。但应注意,同一产品的图样只能采用一种格式。

按照国家标准规定,电器工程图样中的尺寸以毫米为单位时,不需标注单位符号(或名称)。如采用其他单位,则必须注明相应的单位符号。本书的文字叙述和图例中的尺寸单位为毫米,均未标出。

2)图幅的分区

为了确定图中内容的位置及其他用途,往往需要将一些幅面较大的内容复杂的电气图进行分区,如图4.1-1所示。图幅的分区方法是:将图纸相互垂直的两边各自加以等分,竖边方向用大写拉丁字母编号,横边方向用阿拉伯数字编号,编号的顺序应从标题栏相对的左上角开始,分区数应为偶数;每一分区的长度一般应不小于25 mm,不大于75 mm,对分区中符号应以粗实线给出,其线宽不宜小于0.5 mm。

图纸分区后,相当于在图样上建立了一个坐标。电气图上的元件和连接线的位置可由此"坐标"而唯一地确定下来。

2. 电器工程图标题栏

标题栏是用来确定图样的名称、图号、张次、更改和有关人员签署等内容的栏目,位于图样的下方或右下方。图中的说明、符号均应以标题栏的文字方向为准。

目前我国尚没有统一规定标题栏的格式,各设计部门标题栏格式不一定相同。通常采用的标题栏格式应有以下内容:设计单位名称、工程名称、项目名称、图名、图别、图号等。电气工程图中常用图4.1-2所示标题栏格式,可供读者借鉴。

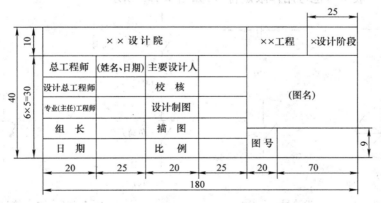

图4.1-2　标题栏格式

学生在做作业时,多采用图4.1-3所示的标题栏格式。

3. 电气工程图图线及其画法规定

根据国标规定,电气工程图中常用的线型有实线、虚线、点画线、波浪线、双折线等。图线分为粗、细两种。以粗线宽度作为基础,粗线的宽度 b 应按图的大小和复杂程度,在0.5—2 mm之间选择,细线的宽度应为粗线宽度的1/3。图线宽度的推荐系列为:0.18,

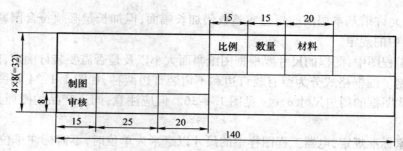

图 4.1-3　作业用标题栏

0.25,0.35,0.5,0.7,1,1.4,2 mm,在电气工程图中,一般只选择粗实线和细线两种,粗线一般采用 0.5 mm 或 0.7 mm,细线一般采用 0.25 mm 或 0.35 mm。若各种图线重合,应按粗实线、点画线、虚线的先后顺序选用线型。

4.1.1　电气图形符号

在绘制电气图形时,一般用于图样或其他文件来表示一个设备或概念的图形、标记或字符的符号称为电气图形符号。电气图形符号只要示意图形绘制,不需要精确比例。

1. 电气图符号的构成

电气图用图形符号通常由一般符号、符号要素、限定符号、方框符号和组合符号等组成。

1)一般符号。它是用来表示一类产品和此类产品特征的一种通常很简单的符号。如图 4.1-4 所示

2)符号要素。它是一种具有确定意义的简单图形,不能单独使用。符号要素必须同其他图形组合后才能构成一个设备或概念的完整符号。

3)限定符号。它是用以提供附加信息的一种加在其他符号上的符号。通常它不能单独使用。有时一般符号也可用作限定符号,如图 4.1-5 所示

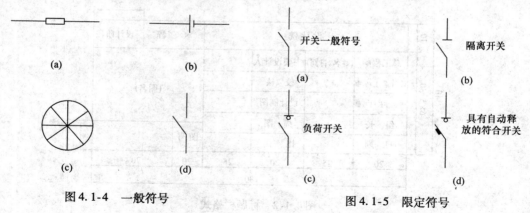

图 4.1-4　一般符号　　　　　　　　图 4.1-5　限定符号

4)框形符号。它是用来表示元件、设备等的组合及其功能的一种简单图形符号。既不给出元件、设备的细节,也不考虑所有连接。通常使用在单线表示法中,也可用在全部输入和输出接线的图中。

5)组合符号。它是指通过以上已规定的符号进行适当组合所派生出来的、表示某些特定装置或概念的符号。

2. 电气图符号的分类

新的《电气图用图形符号总则》国家标准代号为 GB/4728.1 - 1985,采用国际电工委员会(IES)标准,在国际上具有通用性,有利于对外技术交流。《GB/4728 电气图用图形符号》共分 13 部分。表 4-1 列出了常用电气简图图形符号。

表 4-1　常用电气简图图形符号

项目	种类	GB/T4728—98 ~ 2000 新版符号	
		图形符号	说明
限定符号	电流和电压的种类	———	直流 电压可标注在符号右边,系统类型可标注在左边 示例:——
		～	交流 频率值或频率范围可标注在符号的右边
		~ 50 Hz	示例:50 Hz
		~ 100…60 kHz	示例:交流,频率范围 100kHz 到 600Hz
		3/N ~ 400/230 V 50 Hz	电压值也可标注在符号右边,相数和中性线数可标注在符号左边 示例:交流,三相带中性线,400/230 V 50 Hz 示例:交流,三相,50 Hz,具有一个直接接地点
		3/N ~ 50 Hz/TN - S	且中性线与保护导体全部分开的系统(表示三相带中性线过去曾允许用 3N,3 + N,现在规定只能用 3/N)
		+	正极性
		−	负极性
		N	中性(中性线)
		M	中间线
导线和连接器件、插头插座、电缆终端头	端子和导线的连接	形式1	T 型连接 在 T 型连接符号中增加连接点符号
		形式2	
		型式1	导体的双重连接 形式 2 仅在设计认为必要时使用(如果是多重连接,在画图容易产生混淆时,连接的画黑点,不连接的不画黑点)
		型式2	
	连接器件	形式1	接通的连接片
		形式2	
		U	电阻器　一般符号 (矩形的长宽比约为 3:1)

项目	种类	GB/T4728—98～2000 新版符号	
		图形符号	说明
无源元件	电阻器		可调电阻器 (由电阻器一般符号和可调节性通用符号组成)
	电容器		电容器,一般符号
半导体管 和电子管	半导体 二极管		半导体二极管一般符号
	晶闸管		无指定形式的三极晶体闸流管 若没有必要指定控制撮的类型时,本符号用于表示反向阻断三极晶体闸流管
	半导体 三极管		PNP 半导体管
			集电极接管壳的 NPN 半导体管
			NPN 型半导体三极管
半导体管 和电子管	光敏、光电 子半导体		光电二极管具有非对称导电性的光电器件
			光电池
电机、变压器 及变流器	直流电机		直流串励电动机
	异步电动机		三相鼠笼式异步电动机
			单相鼠笼式有分相绕组引出端的异步电动机

项目	种类	GB/T4728—98~2000 新版符号	
		图形符号	说明
电机、变压器及变流器	异步电动机	M 3~	三相绕线式异步电动机
电机、变压器及变流器	变压器和电抗器	形式1　形式2　形式3	双绕组变压器 瞬时电压的极性可以在形式2中表示示例: 示出瞬时电压极性的双绕组变压器 注入绕组标记端的瞬时电流产生助磁通
		形式1　形式2	三绕组变压器
常用的其他符号	接地、接机壳和等电位		接地,一般符号 地,一般符号 如果接地的状况或接地目的表达得不够明显,可加补充信息
			抗干扰接地,无噪声接地
			保护接地 此符号可代替接地一般符号以表示接地连接具有专门的保护功能,例如在故障情况下防止电击的接地

项目	种类	GB/T4728—98～2000 新版符号	
		图形符号	说明
开关、控制和保护装置	两个或三个位置的触点	形式1　形式2	动合触点,也称常开触点在许多情况下,也可作为,一般开关符号使用注意,动触点必须偏向左边,且动触点与静触点是断开的
			动断触点,也称常闭触点注意动、静触点必须偏向右边,且动、静触点在图形符号上是连接的
			先断合后的转换触点 注意将该符号与先合后断的转换触点区别开来。 常用于表示控制开关或继电器的触点
开关、控制和保护装置	延时触点		当操作器件被吸合时延时闭合的动合触点 注意起延时作用的圆弧符号的方向,它表明触点朝圆弧中心方向的运动是延时。该符号在IEC617—7中只有此唯一一种形式
			当操作器件被释放时延时断开的动合触点
			当操作器件被吸合时,延时断开的动断触点
			当操作器件被释放时,延时断开的动断触点
测量仪表、灯和信号器	灯和信号器件		灯,一般符号 信号灯,一般符号 如果要求指示颜色,则在靠近符号处标出下列代码: 　RD—红;YE—黄;GN—绿;DU—蓝;WH—白如果要求指示灯的类型,则在靠近符号处标出下列代码: 　Ne—氖;Xe—氙;Na—钠气;Hg—汞;I—碘;IN—白炽;EL—电发光;ARC—弧光;FL—荧光;IR—红外线;UV—紫外线;LED—发光二极管
			闪光灯信号
			电喇叭

项目	种类	GB/T4728—98～2000 新版符号	
		图形符号	说明
电力照明和电信布置	插座和开关		(电源)插座一般符号
		形式1 形式2	(电源)多个插座(示出三个)
			带保护接点(电源)插座
			具有护板的(电源)插座
			开关,一般符号
		暗装、密闭、防爆符号已取消	双极开关 该符号系 GB4728—85 标准,且是 IEC617—1983 标准的派生符号,必要时可部分采用
			单极拉线开关
			单极限时开关

1)总则:有本标准内容提要、名词术语、符号的绘制、编号使用及其他规定。

2)符号要素、限定符号和其他常用符号:内容包括轮廓和外壳、电流和电压的种类、可变性、力或运动的方向、流动方向、材料的类型、效应或相关性、辐射、信号波形、机械控制、操作件和操作方法、非电量控制、接地、接机壳和等到电位、理想电路元件等。

3）导体和连接件：内容包括电线、屏蔽或绞合导线、同轴电缆、端子导线连接、插头和插座、电缆终端头等。

4）基本无源元件：内容包括电阻器、电容器、电感器、铁氧体磁芯、压电晶体、驻极体等。

5）半导体管和电子管：如二极管、三极管、电子管等。

6）电能的发生与转换：内容包括绕组、发电机、变压器等。

7）开关、控制和保护器件：内容包括触点、开关、开关装置、控制装置、起动器、继电器、接触器和保护器件等。

8）测量仪表、灯和信号器件：内容包括指示仪表、记录仪表、热电偶、遥没装置、传感器、灯、电铃、峰鸣器、喇叭等。

9）电信交换和外围设备：内容包括交换系统、选择器、电话机、电报和数据处理设备、传真机等。

10）电信传输：内容包括通信电路、天线、波导管器件、信号发生器、激光器、调制器、解调器、光纤传输

11）建筑安装平面布置图：内容包括发电站、变电所、网络、音响和电视的分配系统、建筑用设备、露天设备。

12）二进制逻辑元件：内容包括计数器、存储器等。

13）模拟元件：内容包括放大器、函数器、电子开关等。

4.1.2　电气技术中的文字符号和项目代号

一个电气系统或一种电气设备通常都是由各种基本件、部件、组件等组成，为了在电气图上或其他技术文件中表示这些基本件、部件、组件，除了采用各种图形符号外，还须标注一些文字符号和项目代号，以区别这些设备及线路的不同的功能、状态和特征等。

1. 文字符号

文字符号通常由基本文字符号、辅助文字符号和数字组成。用于按提供电气设备、装置和元器件的种类字母代码和功能字母代码。

1）基本文字符号

基本文字符号可分为单字母符号和双字母符号两种。

（1）单字母符号。单字母符号是英文字母将各种电气设备、装置和元器件划分为 23 大类，每一大类用一个专用字母符号表示，如"R"表示电阻类，"Q"表示电力电路的开关器件等，如表 4-2 所示。其中，"I"、"O"易同阿拉伯数字"1"和"0"混淆，不允许使用，字母"J"也未采用。

表 4-2　电气设备常用的单字母符号

符号	项目种类	举例
A	组件、部件	分离元件放大器、磁放大器、激光器、微波激光器、印制电路板等组件、部件
B	变换器（从非电量到电量或相反）	热电传感器、热电偶
C	电容器	

符号	项目种类	举例
D	二进制单元延迟器件存储器件	数字集成电路和器件、延迟线、双稳态元件、单稳态元件、磁芯储存器、寄存器、磁带记录机、盘式记录机
E	杂项	光器件、热器件、本表其他地方未提及元件
F	保护电器	熔断器、过电压放电器件、避雷器
G	发电机电源	旋转发电机、旋转变频机、电池、振荡器、石英晶体振荡器
H	信号器件	光指示器、声指示器
J	—	
K	继电器、接触器	
L	电感器、电抗器	感应线圈、线路陷波器、电抗器
M	电动机	
N	模拟集成电路	运算放大器、模拟/数字混合器件
P	测量设备、试验设备	指示、记录、计算、测量设备、信号发生器、时钟
Q	电力电路开关	断路器、隔离开关
R	电阻器	可变电阻器、电位器、变阻器、分流器、热敏电阻
S	控制电路的开关选择器	控制开关、按钮、限制开关、选择开关、选择器、拨号接触器、连接级
T	变压器	电压互感器、电流互感器
U	调制器、变换器	鉴频器、解调器、变频器、编码器、逆变器、电报译码器
V	电真空器件半导体器件	电子管、气体放电管、晶体管、晶闸管、二极管
W	传输导线波导、天线	导线、电缆、母线、波导、波导定向耦合器、偶极天线、抛物面天线
X	端子、插头、插座	插头和插座、测试塞空、端子板、焊接端子、连接片、电缆封端和接头
Y	电气操作的机械装置	制动器、离合器、气阀
Z	终端设备、混合变压器、滤波器、均衡器、限幅器	电缆平衡网络、压缩扩展器、晶体滤波器、网络

（2）双字母符号。双字母符号是由表4-3中的一个表示种类的单字母符号与另一个字母组成，其组合形式为：单字母符号在前、另一个字母在后。双字母符号可以较详细和更具体地表达电气设备、装置和元器件的名称。双字母符号中的另一个字母通常选用该类设备、装置和元器件的英文名词的首位字母，或常用缩略语，或约定俗成的习惯用字母。例如，"G"为同步发电机的英文名，则同步发电机的双字母符号为"GS"。

电气图中常用的双字母符号如表4-3所示。

表4-3　电气图中常用的双字母符号

序号	设备、装置和元器件种类	名称	单字母符号	双子母符号
1	组件和部件	天线放大器	A	AA
		控制屏		AC
		晶体管放大器		AD
		应急配电箱		AE
		电子管放大器		AV
		磁放大器		AM
		印制电路板		AP
		仪表柜		AS
		稳压器		AS

续表

序号	设备、装置和元器件种类	名称	单字母符号	双字母符号
2	电量到电量变换器或 电量到非电量变换器	变换器	B	
		扬声器		
		压力变换器		BP
		位置变换其		BQ
		速度变换器		BV
		旋转变换器（测速发电机）		BR
		温度变换器		BT
3	电容器	电容器	C	
		电力电容器		CP
4	其他元器件	本表其他地方未规定器件	E	
		发热器件		EH
		发光器件		EL
		空气调节器		EV
5	保护器件	避雷器	F	FL
		放电器		FD
		具有瞬时动作的限流保护器件		FA
		具有延时动作的限流保护器件		FR
		具有瞬时和延时动作的限流保护器件		FS
		熔断器		FU
		限压保护器件		FV
6	信号发生器 发电机电源	发电机	G	
		同步发电机		GS
		异步发电机		GA
		蓄电池		GB
		直流发电机		GD
		交流发电机		GA
		永磁发电机		GM
		水轮发电机		GH
		汽轮发电机		GT
		风力发电机		GW
		信号发生器		GS
7	信号器件	声响指示器	H	HA
		光指示器		HL
		指示灯		HL
		蜂鸣器		HZ
		电铃		
8	继电器和接触器	继电器	K	HE
		电压继电器		KV
		电流继电器		KA
		时间继电器		KT
		频率继电器		KF

序号	设备、装置和元器件种类	名称	单字母符号	双子母符号
8	继电器和接触器	压力继电器	K	KP
		控制继电器		KC
		信号继电器		KS
		接地继电器		KE
		接触器		KM
9	电感器和电抗器	扼流线圈	L	LC
		励磁线圈		LE
		消弧线圈		LP
		陷波器		LT
10	电动机	电动机	M	
		直流电动机		MD
		力矩电动机		MT
		交流电动机		MA
		同步电动机		MS
		绕线转子异步电动机		MM
		伺服电动机		MV
11	测量设备和试验设备	电流表	P	PA
		电压表		PV
		(脉冲)计数器		PC
		频率表		PF
		电能表		PJ
		温度计		PH
		电钟		PT
		功率表		PW
12	电力电路的开关器件	断路器	Q	QF
		隔离开关		QS
		负荷开关		QL
		自动开关		QA
		转换开关		QC
		刀开关		QK
		转换(组合)开关		QT
13	电阻器	电阻器、变阻器	R	
		附加电阻器		RA
		制动电阻器		RB
		频敏变阻器		RF
		压敏电阻器		RV
		热敏电阻器		RT
		起动电阻器(分流器)		RS
		光敏电阻器		RL
		电位器		RP

续表

序号	设备、装置和元器件种类	名称	单字母符号	双字母符号
14	控制电路的开关选择器	控制开关	S	SA
		选择开关		SA
		按钮开关		SB
		终点开关		SE
		限位开关		SLSS
		微动开关		
		接近开关		SP
		行程开关		ST
		压力传感器		SP
		温度传感器		ST
		位置传感器		SQ
		电压表转换开关		SV
15	变压器	变压器	T	
		自耦变压器		TA
		电流互感器		TA
		控制电路电源用变压器		TC
		电炉变压器		TF
		电压互感器		TV
		电力变压器		TM
		整流变压器		TR
16	调制变换器	整流器	U	
		解调器		UD
		频率变换器		UF
		逆变器		UV
		调制器		UM
		混频器		UM
17	电子管、晶体管	控制电路用电源的整流器	V	VC
		二极管		VD
		电子管		VE
		发光二极管		VL
		光敏二极管		VP
		晶体管		VR
		晶体三极管		VT
		稳压二极管		VV
18	传输通道、波导和天线	导线、电缆	W	
		电枢绕组		WA
		定子绕组		WC
		转子绕组		WE
		励磁绕组		WR
		控制绕组		WS

续表

序号	设备、装置和元器件种类	名称	单字母符号	双字母符号
19	端子、插头、插座	输出口	X	XA
		连接片		XB
		分支器		XC
		插头		XP
		插座		XS
		端子板		XT
20	电器操作的机械器件	电磁铁	Y	YA
		电磁制动器		YB
		电磁离合器		YC
		防火阀		YF
		电磁吸盘		YH
		电动阀		YM
		电磁阀		YV
		牵引电磁铁		YT
21	终端设备、滤波器、均衡器、限幅器	衰减器	Z	ZA
		定向耦合器		ZD
		滤波器		ZF
		终端负载		ZL
21	终端设备、滤波器、均衡器、限幅器	均衡器	Z	ZQ
		分配器		ZS

2）辅助文字符号

辅助文字符号是用来表示电气设备、装置和元器件以及线路的功能、状态和特征的。如"ACC"表示加速，"BRK"表示制动等。辅助文字符号也可以放在表示种类的单字母符号后边组成双字母符号，例如"SP"表示压力传感器。若辅助文字符号由两个以上字母组成时，为简化文字符号，只允许采用第一位字母进行组合，如"MS"表示同步电动机。辅助文字符号还可以单独使用，如"OFF"表示断开，"DC"表示直流等。辅助文字符号一般不能超过三位字母。

电气图中常用的辅助文字符号如表4-4所示。

表4-4 电气图中常用的辅助文字符号

序号	名 称	符 号	序号	名 称	符 号
1	电流	A	8	异步	ASY
2	交流	AC	9	制动	BRK
3	自动	AUT	10	黑	BK
4	加速	ACC	11	蓝	BL
5	附加	ADD	12	向后	BW
6	可调	ADJ	13	控制	C
7	辅助	AUX	14	顺时针	CW

序号	名　称	符　号	序号	名　称	符　号
15	逆时针	CCW	36	输出	OUT
16	降	D	37	保护	P
17	直流	DC	38	保护接地	PE
18	减	DEC	39	保护接地与中性线共用	PEN
19	接地	E	40	不保护接地	PU
20	紧急	EM	41	反,由,记录	R
21	快速	F	42	红	RD
22	反馈	FB	43	复位	RST
23	向前,正	FW	44	备用	RES
24	绿	GN	45	运转	RUN
25	高	H	46	信号	S
26	输入	IN	47	起动	ST
27	增	ING	48	置位,定位	SET
28	感应	IND	49	饱和	SAT
29	低,左,限制	L	50	步进	STE
30	闭锁	LA	51	停止	STP
31	主,中,手动	M	52	同步	SYN
32	手动	MAN	53	温度,时间	T
33	中性线	N	54	真空,速度,电压	V
34	断开	OFF	55	白	WH
35	闭合	ON	56	黄	YE

3)文字符号的组合

文字符号的组合形式一般为:基本符号+辅助符号+数字序号。

例如,第一台电动机,其文字符号为 M1;第一个接触器,其文字符号为 KM1。

4)特殊用途文字符号

在电气图中,一些特殊用途的接线端子、导线等通常采用一些专用的文字符号。例如,三相交流系统电源分别用"L1、L2、L3"表示,三相交流系统的设备分别用"U、V、W"表示。

2. 项目代号

1)项目代号的组成

项目代号是有以识别图、图表、表格和设备上的项目种类,并提供项目的层次关系、实际位置等信息的一种特定的代码。每个表示元件或其组成部分的符号都必须标注其项目代号。在不同的图、图表、表格、说明书中的项目和设备中的该项目均可通过项目代号相互联系。

完整的项目代号包括 4 个相关信息的代号段。每个代号段都用特定的前缀符号加以区别。

完整项目代号的组成如表 4-5 所示。

表 4-5　完整项目代号的组成

代号段	名　称	定　　义	前缀符号	示例
第 1 段	高层代号	系统或设备中任何较高层次（对给予代号的项目而言）项目的代号	=	= S2
第 2 段	位置代号	项目在组件、设备、系统或建筑物中的实际位置的代号	+	+ C15
第 3 段	种类代号	主要用以识别项目种类的代号	—	—G6
第 4 段	端子代号	用以外电路进行电气连接的电器导电件的代号	:	:11

2）高层代号的构成

一个完整的系统或成套设备中任何较高层次项目的代号，称为高层代号。例如，S1 系统中的开关 Q2，可表示为 = S1 – Q2，其中"S1"为高层代号。

X 系统中的第 2 个子系统中第 3 个电动机，可表示为 = 2 – M3，简化为 = X1 – M2。

3）种类代号的构成

用以识别项目种类的代码，称为种类代号。通常，在绘制电路图或逻辑图等电气图时就要确定项目的种类代号。确定项目的种类代号的方法有 3 种。

第 1 种方法，也是最常用的方法，是由字母代码和图中每个项目规定的数字组成。按这种方法选用的种类代码还可补充一个后缀，即代表特征动作或作用的字母代码，称为功能代号。可在图上或其他文件中说明该字母代码及其表示的含义。例如，—K2M 表示具有功能为 M 的序号为 2 的继电器。一般情况下，不必增加功能代号。如需增加，为了避免混淆，位于复合项目种类代号中间的前缀符号不可省略。

第 2 种方法，是仅用数字序号表示。给每个项目规定一个数字序号，将这些数字序号和它代表的项目排列成表放在图中或附在另外的说明中。例如，– 2、– 6 等。

第 3 种方法，是仅用数字组。按不同种类的项目分组编号。将这些编号和它代表的项目排列成表置于图中或附在图后。例如，在具有多种继电器的图中，时间继电器用 11、12、13、……表示。

4）位置代号的构成

项目在组件、设备、系统或建筑物中的实际位置的代号，称为位置代号。通常位置代号由自行规定的拉丁字母或数字组成。在使用位置代号时，应给出表示该项目位置的示意图。

5）端子代号的构成

端子代号是完整的项目代号的一部分．当项目具有接线端子标记时，端子代号必须与项目上端子的标记相一致．端子代号通常采用数字或大写字母，特殊情况下也可用小写字母表示。例如 – Q3：B，表示隔离开关 Q3 的 B 端子。

6）项目代号的组合

项目代号由代号段组成。一个项目可以由一个代号段组成，也可以由几个代号段组成。通常项目代号可由高层代号和种类代号进行了组合，设备中的任一项目均可用高层代号和种类代号组成一个项目代号，例如 = 2 – G3；也可由位置代号和种类代号进行了组合，例如 +5 – G2；还可先将高层代号和种类代号组合，用以识别项目，再加上位置代号，提供项目的实际安装位置，例如 = P1 – Q2 + C5S6M10，表示 P1 系统中的开关 Q2，位置在 C5 室 S6 列控制柜 M10 中。

任务 4.2　常用电气工程图

电气图的制图者必须遵守制图的规则和表示方法,读图者掌握了这些规则和表示方法,就能读懂制图者所表达的意思,所以不管是制图者还是读图者都应当掌握电气线路图的制图规则和表示方法。

电气工程图与其他工程图有着本质区别,主要用来表示电气与系统或装置的关系,具有独特的一面,主要有以下特点:

1. 简洁是电气工程图的主要表现特点。电气图中没有必要画出电气元器件的外形结构,采用标准的图形符号和带注释的框,或者简化外形表示系统或设备中各组成部分之间相互关系。不同侧重表达电气工程信息会用不同形式的简图,电气工程中绝大部分采用简图的形式。

2. 元件和连接线是电气工程图的主要组成。电气设备主要由电气元件和连接线组成。因此,无论电路图、系统图,还是接线图和平面图都是以电气元件和连接线作为描述的主要内容。电气元件和连接线有多种不同的描述方式,从而构成了电气图的多样性。

3. 电气工程图的独特要素。一个电气系统或装置通常由许多部件、组件构成,这些部件、组件或者功能模块称为项目。项目一般由简单的图形符号表示。通常每个图形符号都有相应的文字符号。设备编号和文字符号一起构成项目代号,设备编号是为了区别相同的设备必要。

4. 电气工程图主要采用功能布局法和位置布局法。功能布局法指在绘图时,图中各元件的位置只考虑元件之间的功能关系,而不考虑元件的实际位置的一种布局方法。电气工程图中的系统图、电路图采用的是这种方法。位置布局法是指电气工程图中的元件位置对应于元件的实际位置的一种布局方法。电气工程中的接线图、设备布置图采用的就是这种方法。

5. 电气工程图的表现形式具有多样性。可用不同的描述方法,如能量流、逻辑流、信息流、功能流等,形成了不同的电气工程图。系统图、电路图、框图、接线图就是描述能量流和信息流的电气工程图;逻辑图是描述逻辑流的电气工程图;辅助说明的功能表图、程序框图描述的是功能流。

4.2.1　常用电气工程图介绍

电气图是电气工程中各部门进行沟通、交流信息的载体,由于电气图所表达的对象不同,提供信息的类型及表达方式也不同,这样就使电气图具有多样性。同一套电气设备,可以有不同类型的电气图,以适应不同使用对象的要求。对于供配电设备来说,主要电气图是指一次回路和二次回路的电路图。但要表示清楚一项电气工程或一种电气设备的功能、用途、工作原理、安装和使用方法等,光有这两种图是不够的。例如,表示系统的规模、整体方案、组成情况、主要特性,用概略图;表示系统的工作原理、工作流程和分析电路特性,需用电路图;表示元件之间的关系、连接方式和特点,需用接线图。在数字电路中,由于各种数字集成电路的应用,使电路能实现逻辑功能,因此就有反映集成电路逻辑功能的逻辑图。

根据各电气图所表示的电气设备、工程内容及表达形式的不同,电气图通常可分为以下

几类:

1. 系统图或框图

系统图或框图(也称概略图)就是用符号或带注释的框概略表示系统或分系统的基本组成、相互关系及其主要特征的一种简图。它通常是某一系统、某一装置或某一成套设计图中的第一张图样。系统图或框图可分不同层次绘制,可参照绘图对象的逐级分解来划分层次。它还可可作为教学、训练、操作和维修的基础文件,使人们对系统、装置、设备等有一个概略的了解,为进一步编制详细的技术文件以及绘制电路图、接线图和逻辑图等提供依据,也为进行有关计算、选择导线和电气设备等提供了重要依据。电气系统图和框图原则上没有区别。在实际使用时,电气系统图通常用于系统或成套装置,框图则用于分系统或设备。

系统图或框图布局采用功能布局法,能清楚地表达过程和信息的流向,为便于识图,控制信号流向与过程流向应互相垂直。系统图或框图的基本形式如下所述。

1)用一般符号表示的系统图

这种系统图通常采用单线表示法绘制。例如,电动机的主电路如图 4.2-1 所示,它表示了主电路的供电关系,它的供电过程是由电源三相交流电→开关 QS→熔断器 FU→接触器 KM→热继电器热元件 FR→电动机 M。又如,某供电系统如图 4.2-2 所示,表示这个变电所把 10kV 电压通过变压器变换为 380V 电压,经断路器 QF 和母线后通过 FU1、FU2、FU3 分别供给三条支路。系统图或框图常用来表示整个工程或其中某一项目的供电方式和电能输送关系,也可表示某一装置或设备各主要组成部分的关系。

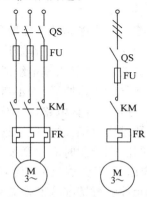

图 4.2-1　电动机供电系统图

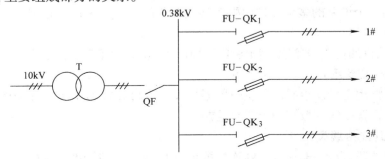

图 4.2-2　某变电所供电系统图

2)框图

对于较为复杂的电子设备,除了电路原理图之外,往往还会用到电路方框图。

例如示波器是由一只示波管和为示波管提供各种信号的电路组成的。在示波器的控制面板上设有一些输入插座和控制键钮。测量用的探头通过电缆和插头与示波器输入端子相连。示波器的种类较多,但基本原理与结构基本相似,一般由垂直偏转系统、水平偏转系统、辅助电路、电源及示波管电路组成。通用示波器结构框图如图 4.2-3 所示。

电路方框图和电路原理图相比,包含的电路信息比较少。实际应用中,根据电路方框图是无法弄清楚电子设备的具体电路的,它只能作为分析复杂电子设备电路的辅助手段。

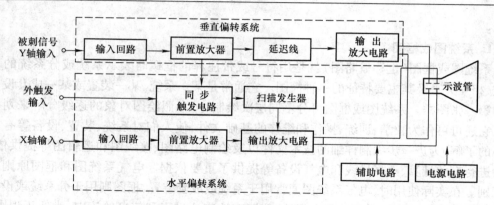

图 4.2-3　示波器的基本结构框图

2. 电路图

电路图是以电路的工作原理及阅读和分析电路方便为原则,用国家统一规定的电气图形符号和文字符号,按工作顺序用图形符号从上而下、从左到右排列,详细表示电路、设备或成套装置的工作原理、基本组成和连接关系。电路图是表示电流从电源到负载的传送情况和电气元件的工作原理,而不考虑其实际位置的一种简图。其目的是便于详细理解设备工作原理、分析和计算电路特性及参数,为测试和寻找故障提供信息,为编制接线图提供依据,为安装和维修提供依据,所以这种图又称为电气原理或原理接线图。

电路图在绘制时应注意设备和元件的表示方法。在电路图中,设备和元件采用符号表示,并应以适当形式标注其代号、名称、型号、规格、数量等。注意设备和元件的工作状态。设备和元件的可动部分通常应表示在非激励或不工作的状态或位置。符号的布置。对于驱动部分和被驱动部分之间采用机械联结的设备和元件(例如,接触器的线圈、主触头、辅助触头),以及同一个设备的多个元件(例如,转换开关的各对触头),可在图上采用集中、半集中或分开布置。

例如,电动机的控制线路原理如图 4.2-4 所示。就表示了系统的供电和控制关系。

3. 位置图(布置图)

位置图是指用正投法绘制的图。位置图是表示成套装置和设备中各个项目的布局、安装位置的图。位置简图一般用图形符号绘制。

4. 接线图(或接线表)

表示成套装置、设备、电气元件的连接关系,用以进行安装接线、检查、试验与维修的一种简图或表格,称为接线图或接线表。

接线图主要用于表示电气装置内部元件之间及其外部其他装置之间的连关系,它是便于制作、安装及维修人员接线和检查的一种简图或表格。

图 4.2-5 就是电动机控制线路的主电路接线图,它清楚地表示了各元件之间的实际位置和连接关系:电源(L1、L2、L3)由 BX－36 的导线接至端子排 X 的 1、2、3 号,然后通过熔断器 FU1～FU3 接至交流接触器 KM 的主触点,再经过继电器的发热元件接到端子排的 4、5、6 号,最后用导线接入电动机的 U、V、W 端子。

1)画电气接线图时应遵循的原则

(1)电气接线图必须保证电气原理图中各电气设备和控制元件动作原理的实现。

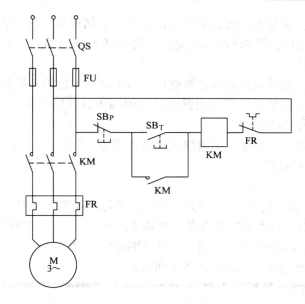

图 4.2-4 电动机控制线路原理图

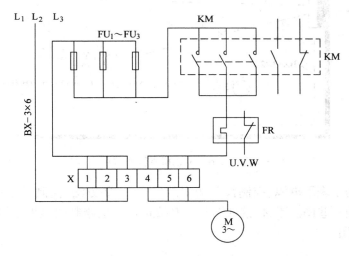

图 4.2-5 电动机控制线路接线图

（2）电气接线图只标明电气设备和控制元件之间的相互连接线路而不标明电气设备和控制元件的动作原理。

（3）电气接线图中的控制元件位置要依据它所在实际位置绘制。

（4）电气接线图中各电气设备和控制元件要按照国家标准规定的电气图形符号绘制。

（5）电气接线图中的各电气设备和控制元件，其具体型号可标在每个控制元件图形旁边，或者画表格说明。

（6）实际电气设备和控制元件结构都很复杂，画接线图时，只画出接线部件的电气图形符号。

2）其他接线图

当一个装置比较复杂时，接线图又可分解为以下几种。

（1）单元接线图。它是表示成套装置或设备中一个结构单元内的各元件之间的连接关系的一种接线图。这里所指"结构单元"是指在各种情况下可独立运行的组件或某种组合体，如电动机、开关柜等。

（2）互连接线图。它是表示成套装置或设备的不同单元之间连接关系的一种接线图。

（3）端子接线图。它是表示成套装置或设备的端子以及接在端子上外部接线（必要时包括内部接线）的一种接线图。

（4）电线电缆配置图。它是表示电线电缆两端位置，必要时还包括电线电缆功能、特性和路径等信息的一种接线图。

5. 电气平面图

电气平面图是表示电气工程项目的电气设备、装置和线路的平面布置图。

例如：为了表示电动机及其控制设备的具体平面布置，则可采用图 4.2-6 所示的平面布置图。图中示出了电源经控制箱或配电箱，再分别经导线 $BX-3*6\ mm^2$、$BX-3*4\ mm^2$、$BX-3*2\ mm^2$ 接至电动机 1、2、3 的具体平面布置。

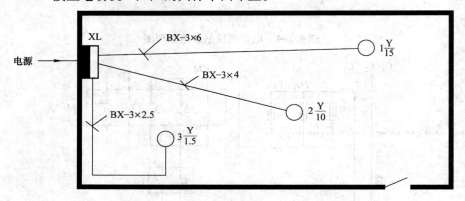

图 4.2-6　电动机平面布置图

除此之外，为了表示电源、控制设备的安装尺寸、安装方法、控制设备箱的加工尺寸等等，还必须有其他一些图。不过，这些图与一般按正投影法绘制的机械图没有多大区别，通常可不列入电气图。

6. 逻辑图

逻辑图是用二进制逻辑单元图形符号绘制的，以实现一定逻辑功能的一种简图，可分为理论逻辑图（纯逻辑图）和工程逻辑图（详细逻辑图）两类。理论逻辑图只表示功能而不涉及实现方法，因此是一种功能图；工程逻辑图不仅表示功能，而且有具体的实现方法，因此是一种电路图。

4.2.2　用 AutoCAD 绘制电气工程图

利用计算机进行绘图可以极大的提高绘制图形的质量和效率，需要掌握国家标准的一系列规定以及计算机绘图软件的使用技巧。电气图对布图有很高的要求，强调布局清晰，以利于识别过程和信息的流向。一般图形信息基本流向为自左向右（水平布局）或自上而下（垂直布局），绘图时将图形符号按工作顺序排列，详细表示电路、设备或成套装置的全部基本组成部分的连接关系，同时各功能级可以用适当的方式加以区别，突出信息流及其各级之间的关系,元器件的画法应符合国家规范的规定。另外还应根据表达对象的需要,补充一些必要的技术资料和参数。

绘制电气图时一般先应分析所绘制的电气工程图的类别和画法特点,确定所需的图纸大小,布置图面,制作或引用本图中所需的图块,再通过绘制、编辑完成图形,进行尺寸标注、文字注写和相关技术说明。

注意把握电气工程图的总体特点和构成,一般表达方法的通用性,以及它在不同电气图中的不同的侧重表现形式。

在阅读电气工程图时,应当抓住图样的表达主题,首先分析主要部分,然后再对一些次要的或附属的功能进行分析。只有建立清晰的读图思路,并结合丰富的专业知识,才能将电气工程图真正读懂。

绘制电气接线图要注意确定总体的绘图思路,还要注意图块、多重复制以及镜

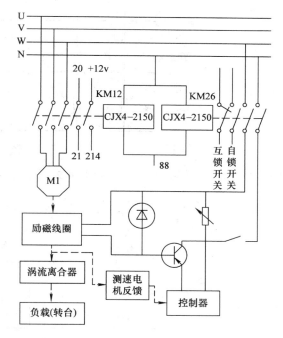

图 4.2-7 工程逻辑图

像、阵列等命令的灵活运用,对于电气图中的一些标注,也一定要细致、正确、规范。

例:绘制低频两级放大电路图。

1. 进行设置绘图环境:包括设置绘图单位、设置图形界限、设置对象捕捉等(包括自动捕捉和自动追踪)、设置图层、线型、颜色和线宽、设置线型比例、设置文字样式、设置尺寸样式、设置常用的其他变量。

2. 绘制图形中多次出现的符号,将其创建为"块",使图形绘制简介。如图 4.2-8 所示。

图 4.2-8 制作图块

3. 在辅助图层上,将绘图区按主要元件位置分成若干段,切换到元件图层,插入主要元件的图形符号,并注意将各主要元件尽量位于图形中心水平线上。并注意前后上下的疏密和衔接,分段画入各单元电路如图 4.2-8(a)(b)(c)所示。

4. 将辅助图层关闭,得到图形的基本形状。如图 4.2-8(d)所示。

5. 绘制节点,如图 4.2-9 所示。

6. 完成文字标注,如图 4.2-10 所示。

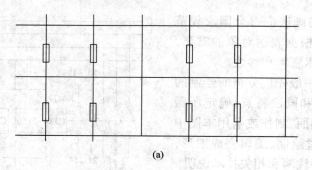

(a)

图 4.2-8　图形元件绘制(a)

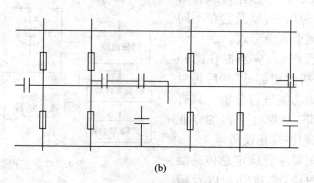

(b)

图 4.2-8　图形元件绘制(b)

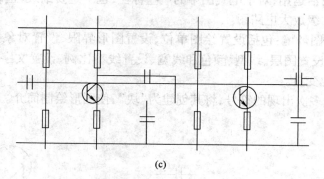

(c)

图 4.2-8　图形元件绘制(c)

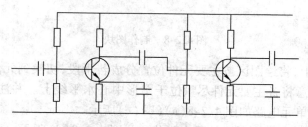

图 4.2-8　图形元件绘制(d)

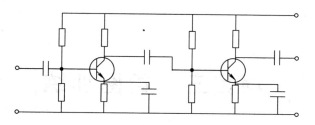

图 4.2-9 绘制节点

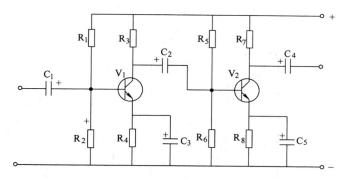

图 4.2-10 标注文字

项目五　绘图训练

1. 使用 AutoCAD2010 完成以下图形。

(1)

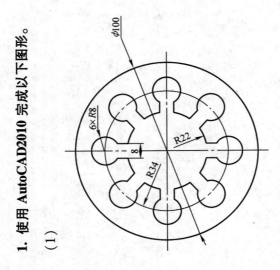

(2)

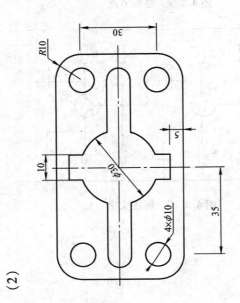

（4）
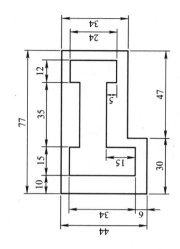

（6）
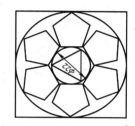

（3）
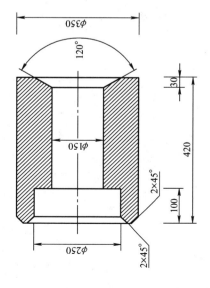

（5）
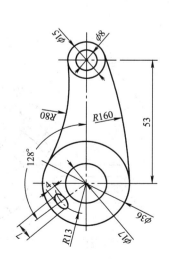

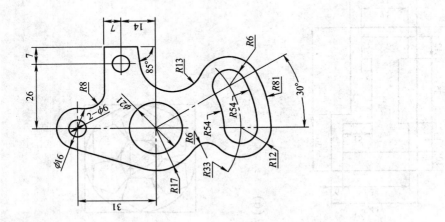

（8）

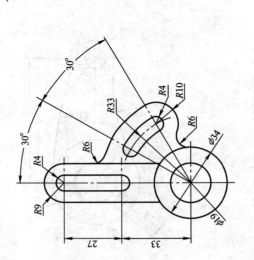

（7）

2. 使用 AutoCAD2010 绘图和编辑命令，设置 A3 幅面，抄绘下图，并标注尺寸，比例 1:1。

3. 参照轴测图补画视图中所缺的图线。

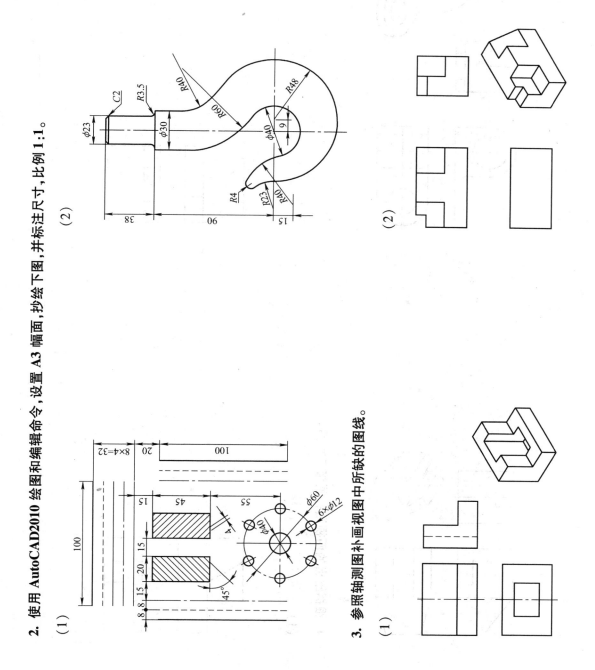

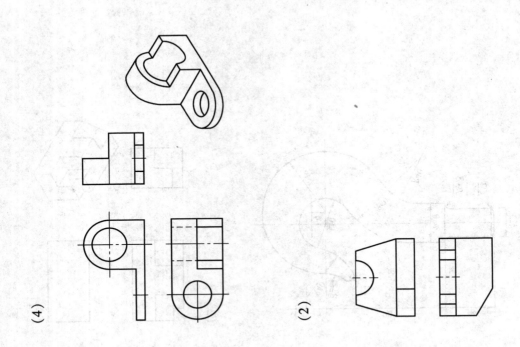

（4）

（2）

（3）

4. 根据给出的两视图补画第三视图。

（1）

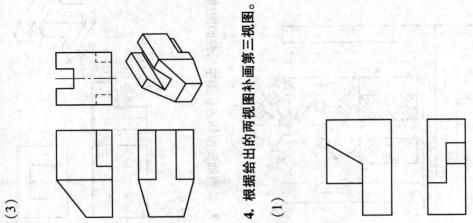

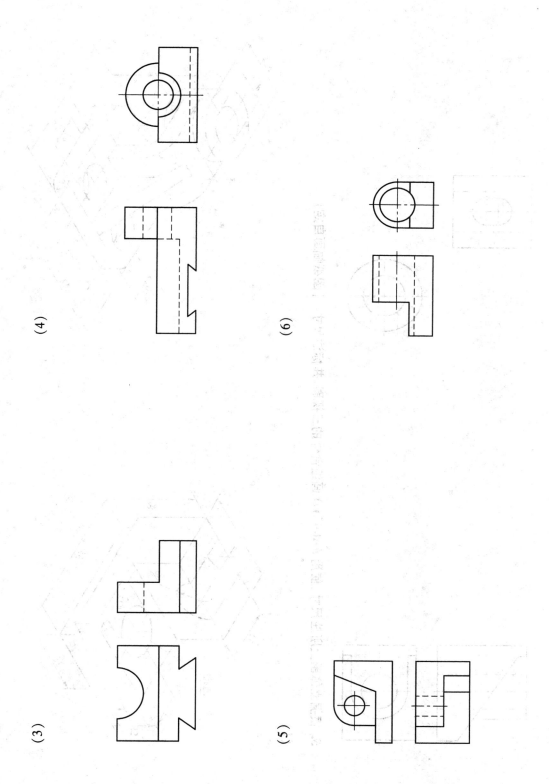

(4)

(6)

(3)

(5)

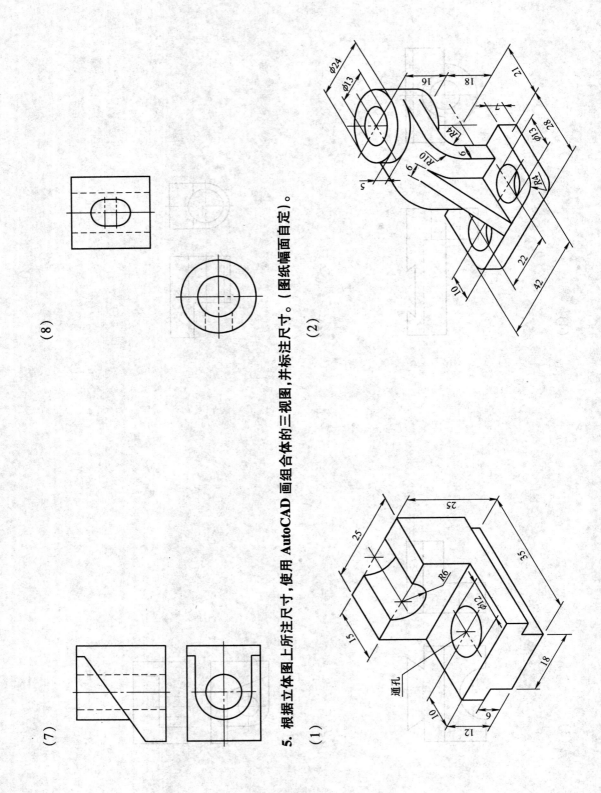

5. 根据立体图上所注尺寸，使用 AutoCAD 画组合体的三视图，并标注尺寸。（图纸幅面自定）。

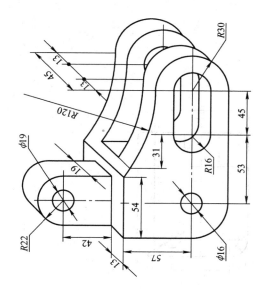

（4）

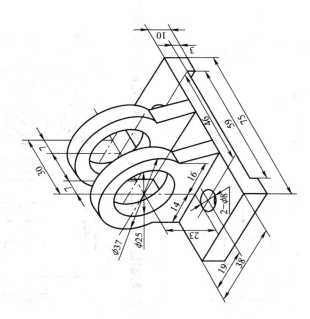

（3）

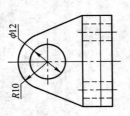

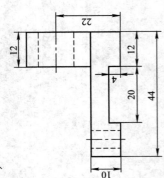

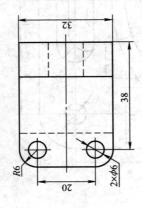

（2）

6. 根据给出的三视图，使用 AutoCAD 绘制正等轴测图。

（1）

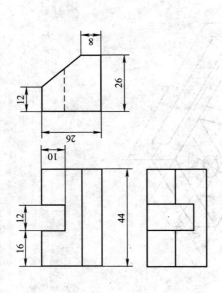

7. 根据给出的视图，使用 AutoCAD 绘制斜二测轴测图。

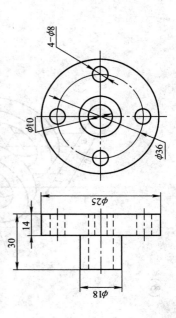

10. 在指定位置画机件的 *B* 向局部视图和 *A* 向斜视图。

8. 根据轴测图和已知主、俯、左三视图补画右、后、仰视图。

9. 参照轴测图，画斜视图和局部视图。

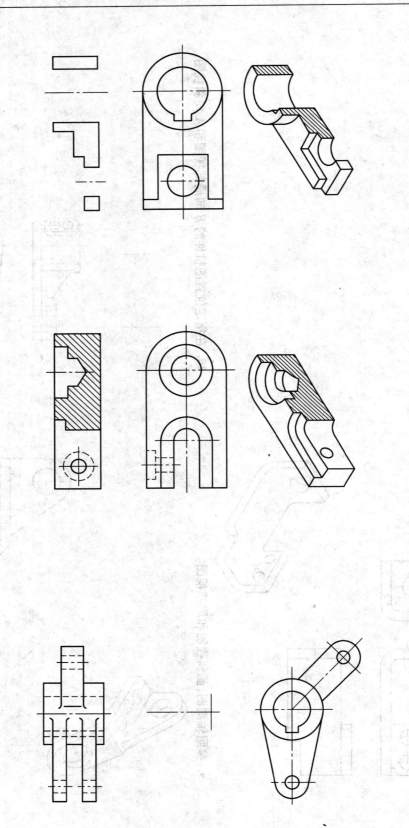

11. 在指定位置将机件的主视图画成旋转视图。　12. 根据轴测图，补画剖视图中缺漏的图线。

(1)

(2)

13. 将主视图画成单一剖的全剖视图,并标注剖切符号。

（1）

（2）

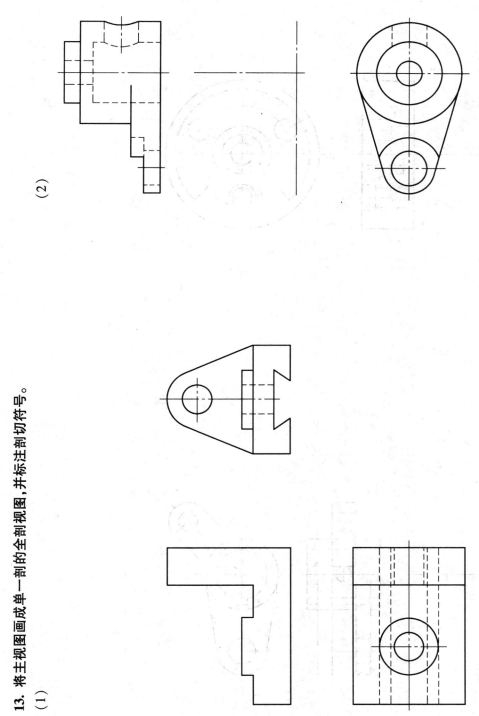

14. 将主视图画成旋转剖的全剖视图，并标注剖切符号。

(1)

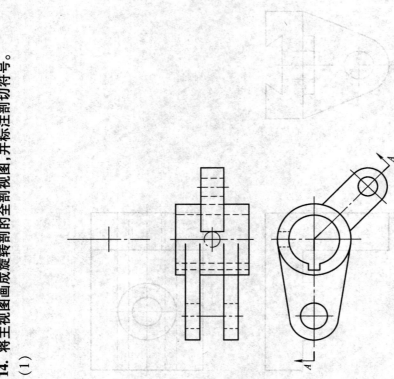

(2)

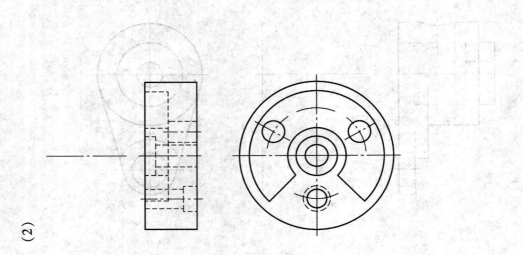

15. 将主视图画成阶梯剖的全剖视图,并标注剖切符号。

(1)

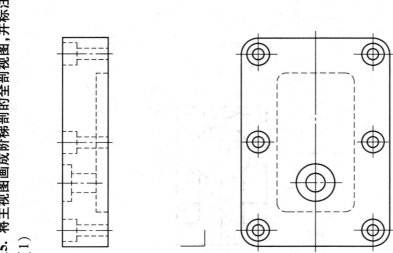

(2)

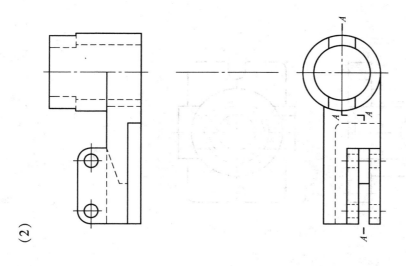

17. 补画半剖视图的左视图。

16. 将主视图改画成全剖视图，并标注剖切符号补画半剖视图的左视图。

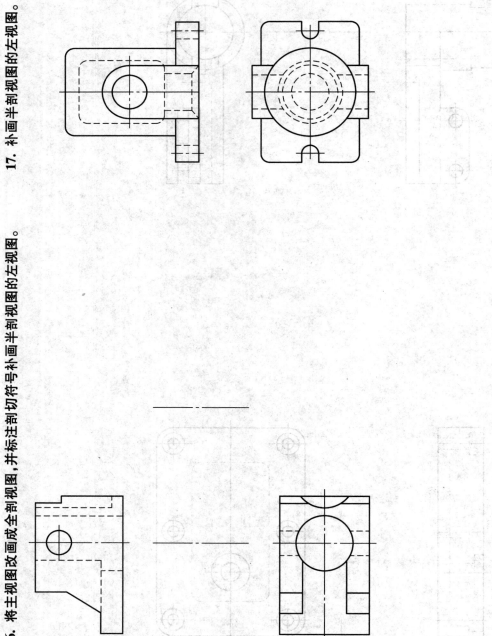

(2)

18. 将所给视图该画成局部剖视图。

(1)

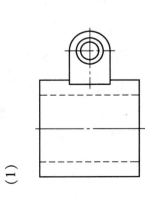

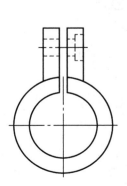

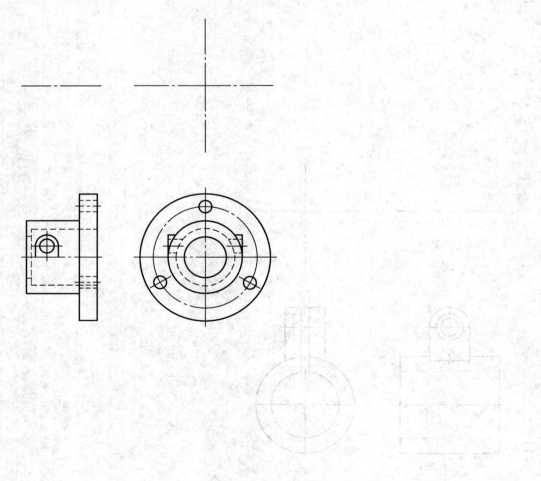

19. 在指定位置作出断面图

(1)

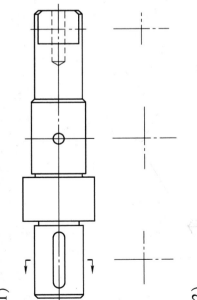

(2)

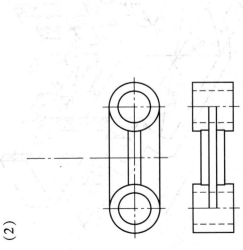

(3)

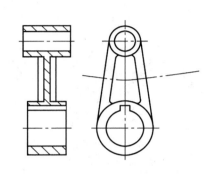

20. 表达方法综合练习。 使用 AutoCAD，根据所给的机件的轴测图，按需要改画成剖视图、断面图和其他视图，设置 A3 幅面，并标注尺寸，比例 1:1

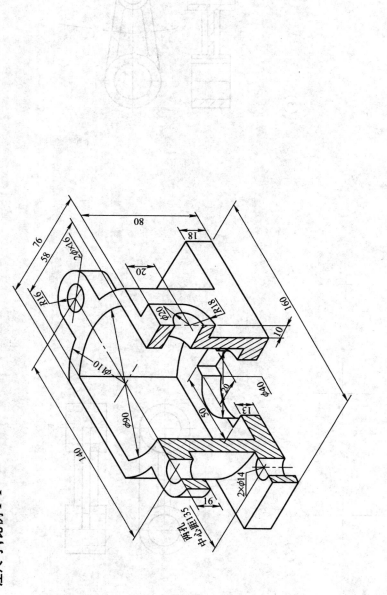

19. 分析图中的错误，并在指定位置画出正确图形。

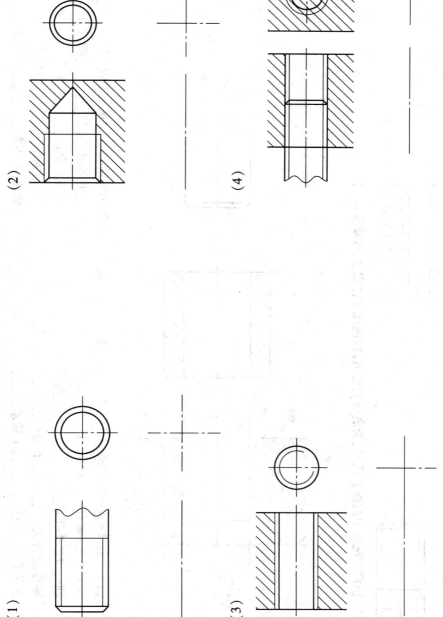

21. 将螺纹标记标注在图样上。

(1) M20LH－5g6g

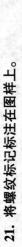

(2) M24×1.5－6H

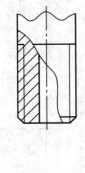

(3) G1/2A

22. 根据装配图中的配合代号，查表得偏差值，标注在零件图上，并填空。

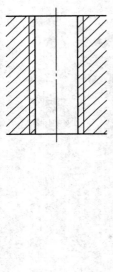

轴套　轴　泵体

$\phi30\dfrac{H7}{k6}$　$\phi26\dfrac{S7}{H8}$

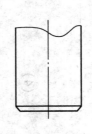

(1) 轴套与泵体孔 $\phi30H7/k6$　基本尺寸 _____，基 _____ 制
公差等级：轴 IT _____ 级，孔 IT _____ 级 _____ 配合
轴套与泵体孔是 _____
轴套：上偏差 _____，下偏差 _____
泵体孔：上偏差 _____，下偏差 _____

(2) 轴与轴套 $\phi26H8/f6$　基本尺寸 _____，基 _____ 制
公差等级：轴 IT _____ 级，孔 IT _____ 级 _____ 配合
轴与轴套是 _____
轴：上偏差 _____，下偏差 _____
轴套：上偏差 _____，下偏差 _____

23. 用文字解释图中的形状和位置公差

24. 分析表面粗糙度标注中的错误，在指定位置中正确标注

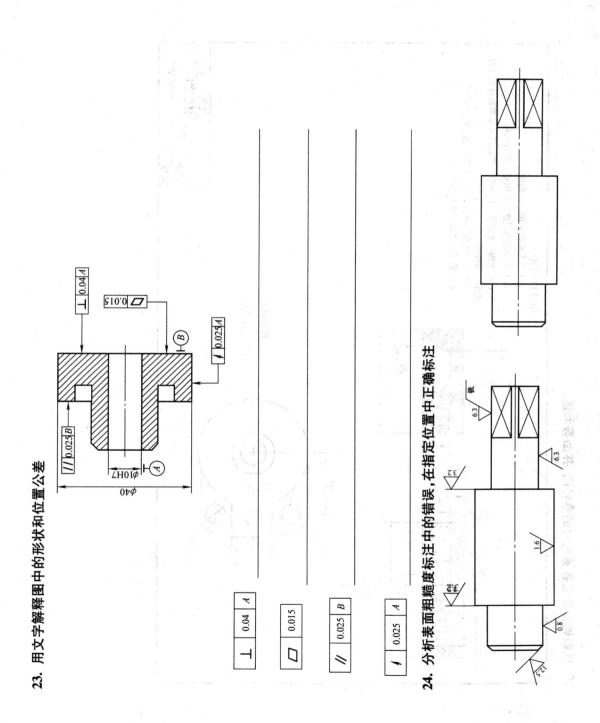

25. 读微调瓷介电容器定片的零件图,并回答问题。

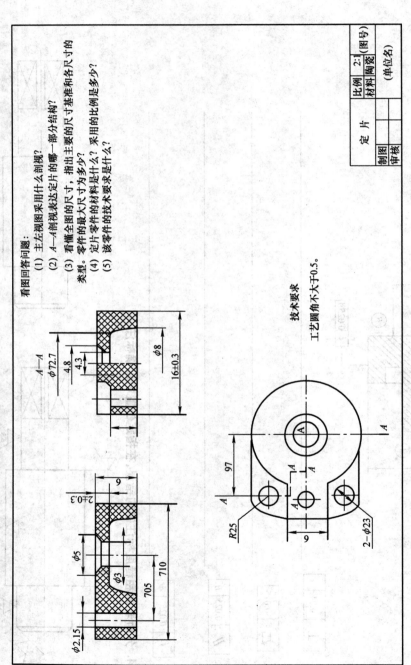

看图回答问题:
(1) 主左视图采用什么剖视?
(2) A—A剖视表达定片的哪一部分结构?
(3) 看懂全图的尺寸,指出主要的尺寸基准和各尺寸的类型。零件的最大尺寸为多少?
(4) 定片零件的材料是什么?采用的比例是多少?
(5) 该零件的技术要求是什么?

技术要求
工艺圆角不大于0.5。

定 片		比例	2:1	(图号)
		材料	陶瓷	
制图		(单位名)		
审核				

26. 用 AutoCAD2010 绘制以下电气图

（1）某供电系统概略图

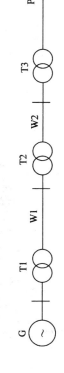

（2）自动延时熄灯开关电路

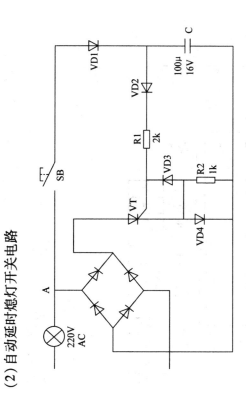

（3）单元接线图

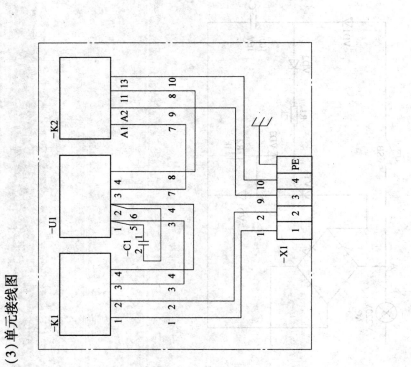

附　　录

一、螺纹

(一)普通螺纹的公称直径和螺距

附表 1　普通螺纹的公称直径和螺距(摘自 GB/T 193—2003)　　　　mm

公称直径 D、d			螺距 P		公称直径 D、d			螺距 P	
第一系列	第二系列	第三系列	粗牙	细牙	第一系列	第二系列	第三系列	粗牙	细牙
3			0.5	0.35		27		3	2,1.5,1
	3.5		0.6				28		
4			0.7	0.5	30			3.5	(3),2,1.5,1
	4.5		0.75				32		2,1.5
5			0.8			33		3.5	(3),2,1.5
		5.5					35		1.5
6	7		1	0.75	36			4	3,2,1.5
8			1.25	1,0.75			38		1.5
	9		1.25			39		4	3,2,1.5
10			1.5	1.25,1,0.75			40		
	11		1.5	1.5,1,0.75	42	45		4.5	4,3,2,1.5
12			1.75	1.25,1	48			5	
	14		2	1.5,1.25,1			50		3,2,1.5
		15		1.5,1	52			5	4,3,2,1.5
16			2			55			
		17			56			5.5	
20	18		2.5	2,1.5,1			58		
	22					60		5.5	
24			3				62		
		25			64			6	
		26		1.5		65			

注:①优先选用第一系列,其次是第二系列,第三系列尽可能不用。

②括号内的尺寸尽可能不用,下同。

③带注(a、b)的螺纹仅用于特殊场合。

（二）非螺纹密封的管直径的基本尺寸

附表2　非螺纹密封的管直径的基本尺寸（摘自 GB/T 307—2001）

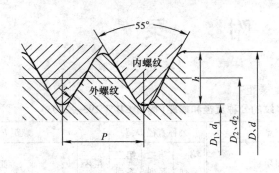

1. 代号：
d—外螺纹大径
D—内螺纹大径
d_2—外螺纹中径
D_2—内螺纹中径
d_1—外螺纹小径
D_1—内螺纹小径
p—螺距
b—牙型高度
r—圆弧半径

mm

尺寸代号	每25.4 mm 内的牙数	螺距 P	牙高 b	圆弧半径 $r\approx$	基本直径		
					大径 $d - D$	中径 $d_2 - D_2$	小径 $d_1 - D_1$
1/16	28	0.907	0.581	0.125	7.723	7.142	6.561
1/8	28	0.907	0.581	0.125	9.728	9.147	8.566
1/4	19	1.337	0.856	0.184	13.157	12.301	11.445
3/8	19	1.337	0.856	0.184	16.662	15.806	14.950
1/2	14	1.814	1.162	0.249	20.955	19.793	18.631
5/8	14	1.814	1.162	0.249	22.911	21.749	20.587
3/4	14	1.814	1.162	0.249	26.441	25.279	24.117
7/8	14	1.814	1.162	0.249	30.201	29.039	27.877
1	11	2.309	1.479	0.317	33.249	31.770	30.291
1½	11	2.309	1.479	0.317	37.897	36.418	34.939
1¼	11	2.309	1.479	0.317	41.910	40.431	38.952
1½	11	2.309	1.479	0.317	47.803	46.324	44.845
1¾	11	2.309	1.479	0.317	53.746	52.267	50.788
2	11	2.309	1.479	0.317	59.614	58.135	56.656
2¼	11	2.309	1.479	0.317	65.710	64.231	62.752
2½	11	2.309	1.479	0.317	75.184	73.705	72.226
2¾	11	2.309	1.479	0.317	81.534	80.055	78.576
3	11	2.309	1.479	0.317	87.884	86.405	84.926
3½	11	2.309	1.479	0.317	100.330	98.851	97.372
4	11	2.309	1.479	0.317	100.330	111.551	110.072
4½	11	2.309	1.479	0.317	125.730	124.251	122.772
5	11	2.309	1.479	0.317	138.430	136.951	135.472
5½	11	2.309	1.479	0.317	151.130	149.651	148.172
6	1.1	2.309	1.479	0.317	163.830	6162.351	160.872

二、常用标准件

（一）螺栓

附表3　六角头螺栓（摘自 GB/T 5782—2000、GB/T 5783—2000）　　　mm

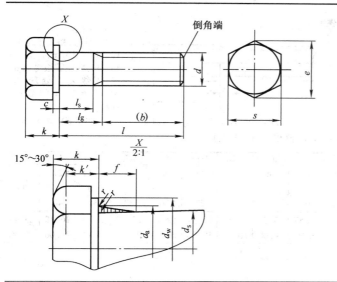

$$l_{gmax} = l_{公称} - b_{参考}$$
$$l_{smin} = l_{gmax} - 5P$$
$$P — 螺距$$

标记示例

螺纹规格d=M12、公称长度l=80mm,性能等级为8.8级、表面氧化、A级的六角螺栓:
螺栓 GB5782—86 M12 80

螺纹规格 d			M3	M4	M5	M6	M8	M10	M12	M16	M20	M24	M30	M36	M42
P 螺距			0.5	0.7	0.8	1	1.25	1.5	1.75	2	2.5	3	3.5	4	4.5
b 参考	$l\leqslant125$		12	14	16	18	22	26	30	33	46	54	66	—	—
	$125<l\leqslant200$		18	20	22	24	28	32	36	44	52	60	72	84	96
	$200\leqslant l$		31	33	35	37	41	45	49	57	65	73	85	97	109
c	min		0.15	0.15	0.15	0.15	0.15	0.15	0.15	0.2	0.2	0.2	0.2	0.2	0.3
	max		0.4	0.4	0.5	0.5	0.6	0.6	0.6	0.8	0.8	0.8	0.8	0.8	1.0
d_a	max		3.6	4.7	5.7	6.8	9.2	11.2	13.7	17.7	22.4	26.4	33.4	39.4	45.6
d_s	公称 = max		3	4	5	6	8	10	12	16	20	24	30	36	42
	min	产品等级 A	2.86	3.82	4.82	5.82	7.78	9.78	11.73	15.73	19.67	23.67	—	—	—
		产品等级 B	2.75	3.70	4.70	5.70	7.64	9.64	11.57	15.57	19.48	23.48	29.48	35.38	41.38
d_w	min	产品等级 A	4.57	5.88	6.88	8.88	11.63	14.63	16.63	22.49	28.19	33.61	—	—	—
		产品等级 B	4.45	5.74	6.74	8.74	11.47	14.47	16.47	22	27.7	33.25	42.75	51.11	59.95
e	min	产品等级 A	6.01	7.66	8.79	11.05	14.38	17.77	20.03	26.75	33.53	39.98	—	—	—
		产品等级 B	5.88	7.50	8.63	10.89	14.20	17.59	19.85	26.17	32.95	39.55	50.85	60.79	71.3
l_f	max		1	1.2	1.2	1.4	2	2	3	3	4	4	6	6	8
k	公称		2	2.8	3.5	4	5.3	6.4	7.5	10	12.5	15	18.7	22.5	26
	产品等级 A	min	1.875	2.675	3.35	3.85	5.15	6.22	7.32	9.82	12.285	14.785	—	—	—
		max	2.125	2.925	3.65	4.15	5.45	6.58	7.68	10.18	12.715	15.215	—	—	—
	产品等级 B	min	1.8	2.6	2.35	3.76	5.06	6.11	7.21	9.71	12.15	14.65	18.28	22.08	25.58
		max	2.2	3	3.25	4.24	5.54	6.69	7.79	10.29	12.85	15.35	19.25	22.92	26.42
k_w	min	产品等级 A	1.31	1.87	2.35	2.7	3.61	4.35	5.12	6.87	8.6	10.35	—	—	—
		产品等级 B	1.26	1.82	2.28	2.63	3.54	4.28	5.05	6.8	8.51	10.26	12.8	15.46	17.91
r	min		0.1	0.2	0.2	0.25	0.4	0.4	0.6	0.6	0.8	0.8	1	1	1.2
s	max = 公称		5.5	7	8	10	13	16	18	24	30	36	46	55	65
	min	产品等级 A	5.32	6.78	7.78	9.78	12.73	15.73	17.73	23.67	29.67	35.38	—	—	—
		产品等级 B	5.20	6.64	7.64	9.64	12.57	15.57	17.57	23.16	29.16	35	45	53.8	63.1
l 公称			20～30	25～40	25～50	30～60	35～80	40～100	45～120	55～160	65～200	80～240	90～300	110～360	130～420

(二)双头螺柱

附表4　双头螺柱　　　　　　　　　　mm

$b_m = 1d$（GB 897—88）
$b_m = 1.25d$（GB 898—88）

$b_m = 15d$（GB 899—88）
$b_m = 2d$（GB 900—88）

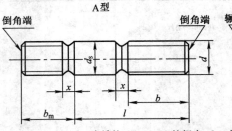

A型

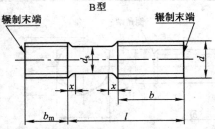

B型

标记示例
两端均为粗牙普通螺纹，$d = 10$ mm，$l = 50$ mm，性能等级为 4.8 级、不级表面处理，B 型、$b_m = 1.5d$ 的双头螺柱：

螺柱 GB 899 M10×50

末端按 GB 2—85 的规定：$d_s \approx$ 螺纹中径（仅适用于 B 型）

螺纹规格 d		M5	M6	M8	M10	M12	(M14)	M16	M18	M20	(M22)	M24	(M27)	M30
公称	$b_m = 1d$	5	6	8	10	12	14	16	18	20	22	24	27	30
尺寸	$b_m = 1.25d$	6	8	10	12	15		20		25		30		38
b_m	$b_m = 1.5d$	8	10	12	15	19	21	24	27	30	33	36	40	45
d_s	min	4.70	5.70	7.64	9.64	11.57	13.57	15.57	17.57	19.48	21.48	23.48	26.48	29.48
	max	5.00	6.00	8.00	10.00	12.00	14.00	16.00	18.00	20.00	22.00	24.00	27.00	30.00
x_s	max						15P							

l 公称	min	max	b （M5）	M6	M8	M10	M12	(M14)	M16	M18	M20	(M22)	M24	(M27)	M30
12	11.10	12.90													
(14)	13.10	14.90													
16	15.10	16.90	10												
(18)	17.10	18.90													
20	18.95	21.05		10	12										
(22)	20.95	23.05													
25	23.95	26.05				14	16								
(28)	26.95	29.05		14	16			18	20						
30	28.95	31.05				16									
(32)	30.75	33.25					20								
35	33.75	36.25	16					25		22	25				
(38)	36.75	39.25										30			
40	38.75	41.25							30				30		
45	43.75	46.25													
50	48.75	51.25			18					35	35			35	
(55)	53.50	56.50													40
60	58.50	61.50				22					40				
(65)	63.50	66.50											45		
70	68.50	71.50					26		38						
(75)	73.50	76.50													
80	78.50	81.50						34							
(85)	83.75	86.75								42			50		
90	88.25	91.75									46				
(95)	93.75	96.75									50		54		
100	98.25	101.75												60	
110	108.25	111.75													66
120	118.25	121.75		32											
130	128.00	132.00													
140	138.00	142.00													
150	148.00	152.00													
160	158.00	162.00			36			40							
170	168.00	172.00							44	48	52	56	60	66	72
180	178.00	182.00													
190	187.70	192.00													
200	197.70	202.00													

注：①P 为螺距　②$d_s \approx$ 螺纹中径（仅适用于 B 型）

（三）螺钉
1. 开槽圆柱头螺钉

附表5　开槽圆柱头螺钉（摘自 GB/T 65—2000）　　　　　　　mm

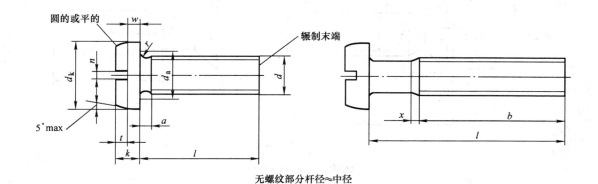

无螺纹部分杆径≈中径
或　　　　=螺纹大径
无螺纹部分杆径≈中径

或　　　　　　　　　　　　　　　　　　　　　　=螺纹大径
螺纹规格 d = M5、公称长度 l = 20 mm、性能等级为 4.8 级、不经表面处理的开槽圆柱头螺钉：
螺钉 GB/T 65　M5×20

螺纹规格 d		M4	M5	M6	M8	M10
P		0.7	0.8	1	1.25	1.5
a	max	1.4	1.6	2	2.5	3
b	min	38	38	38	38	38
d_s	max	7	8.5	10	13	16
	min	6.78	8.28	9.78	12.73	15.73
d_s	max	4.7	5.7	6.8	9.2	11.2
k	max	2.6	3.3	3.9	5	6
	min	2.45	3.1	3.6	4.7	5.7
n	公称	1.2	1.2	1.6	2	2.5
	min	1.26	1.26	1.66	2.06	2.56
	max	1.51	1.51	1.91	2.31	2.81

2. 开槽沉头螺钉

附表6　开槽沉头螺钉（摘自 GB/T 68—2000）　　　　　　mm

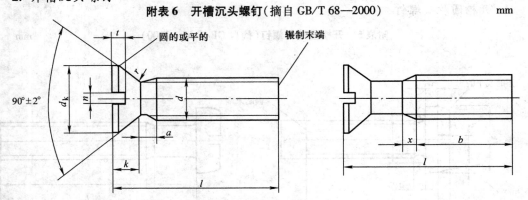

无螺纹部分杆径　中径

或　　=螺纹大径

无螺纹部分杆径≈中径

或　　　　　　　　　　　　　　　　　　　=螺纹大径

螺纹规格 d = M5、公称长度 l = 20 mm、性能等级为 4.8 级、不经表面处理的开槽沉头螺钉：

螺钉 GB/T 68　 M5 ×20

螺纹规格 d			M1.6	M2	M2.5	M3	M4	M5	M6	M8	M10
P			0.35	0.4	0.45	0.5	0.7	0.8	1	1.25	1.5
a		max	0.7	0.8	0.9	1	1.4	1.6	2	2.5	3
b		min	25	2.5	25	25	38	38	38	38	38
d_k	理论值	max	3.6	4.4	4.5	6.3	9.4	10.4	12.6	17.3	20
	实际值	max	3	3.8	4.7	5.5	8.4	9.3	11.3	15.8	18.3
		min	2.7	3.5	4.4	5.2	8	8.9	10.9	15.4	17.8
k		max	1	1.2	1.5	1.65	2.7	2.7	3.3	4.65	5
n		公称	0.4	0.5	0.6	0.8	1.2	1.2	1.6	2	2.5
		min	0.45	0.56	0.66	0.86	1.26	1.26	1.66	2.06	2.56
		max	0.6	0.7	0.8	1	1.51	1.51	1.91	2.31	2.81
r		max	0.4	0.5	0.6	0.8	1	1.3	1.5	2	2.5
t		min	0.32	0.4	0.5	0.6	1	1.1	1.2	1.8	2
		max	0.5	0.6	0.75	0.85	1.3	1.4	1.6	2.3	2.6
x		max	0.9	1	1.1	1.25	1.75	2	2.5	3.2	3.8

l 公称	min	max									
2.5	2.3	2.7									
3	2.8	3.2									
4	3.76	4.3									
5	4.76	5.3									
6	5.76	6.3									
8	7.71	8.3		商品							
10	9.71	10.3									
12	11.65	12.4									
(14)	13.65	14.4			规格						
16	15.65	16.4									
20	19.6	20.4									
25	24.6	25.4					范围				
30	29.6	30.4									
35	34.5	36.5									
40	39.5	40.5									
45	44.5	45.5									
50	49.5	50.5									
(55)	54.05	55.95									
60	59.05	60.95									
(65)	64.05	65.95									
70	69.05	70.95									
(75)	74.05	95.95									
80	79.05	80.95									

3. 开槽紧钉螺钉

附表 7　开槽沉头螺钉(摘自 GB/T 68—2000)　　　　　　　mm

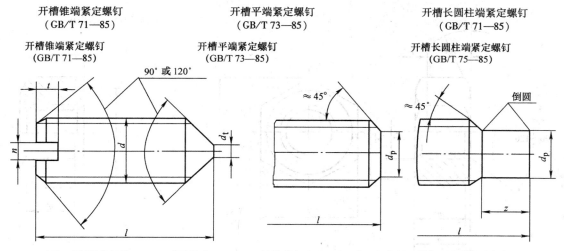

开槽锥端紧定螺钉
（GB/T 71—85）

开槽锥端紧定螺钉
（GB/T 71—85）

开槽平端紧定螺钉
（GB/T 73—85）

开槽平端紧定螺钉
（GB/T 73—85）

开槽长圆柱端紧定螺钉
（GB/T 71—85）

开槽长圆柱端紧定螺钉
（GB/T 75—85）

标记示例螺纹规格 d = M5、公称长度 l = 20 mm、性能等级为 14H 级、表面氧化的开槽长圆柱端紧定螺钉:
螺钉 GB/T 75—85　M5 × 12

螺纹规格 d		M1.6	M2	M2.5	M3	M4	M5	M6	M8	M10	M12
P(螺距)		0.35	0.4	0.45	0.5	0.7	0.8	1	1.25	1.5	1.75
n		0.25	0.25	0.4	0.4	0.6	0.8	1	1.2	1.6	2
t		0.74	0.84	0.95	1.05	1.42	1.65	2	2.5	3	3.6
d_t		0.16	0.2	0.25	0.3	0.4	0.5	1.5	2	2.5	3
d_s		0.8	1	1.5	2	2.5	2.5	4	5.5	7	8.5
z		1.05	1.25	1.5	1.75	2.25	2.75	3.25	4.3	5.3	6.3
l	GB/T 71—85	2~8	3~10	3~12	4~16	6~20	8~25	8~30	10~40	12~50	14~60
	GB/T 73—85	2~8	2~10	2.5~12	3~16	4~20	5~25	6~30	8~40	10~50	12~60
	GB/T 75—85	2.5~8	3~10	4~12	5~16	6~20	8~25	10~30	10~40	12~50	14~60

注: l 为公称长度。

（四）六角螺母

附表8　六角螺母（摘自 GB/T 6170—2000）　　　　　　　　　　　mm

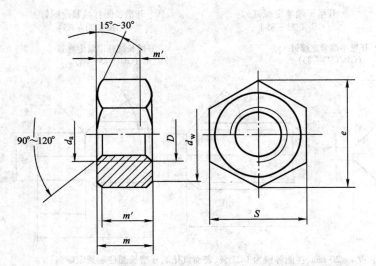
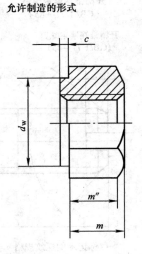

允许制造的形式

标记示例螺纹规格 D = M12、性能等级为 10 级、不经表面处理、A 级的 1 型六角螺母：

螺钉 GB/T 6170—M12

螺纹规格 D		M4	M5	M6	M8	M10	M12	M16	M20	M24
c	max	0.4	0.5	0.5	0.6	0.6	0.6	0.8	0.8	0.8
d_s	max	4.6	5.75	6.75	8.75	10.8	13	17.30	21.6	25.9
	min	4	5	6	8	10	12	16	20	24
d_w	min	5.9	6.9	8.9	11.6	14.6	16.6	22.5	27.7	33.2
e	min	7.66	8.79	11.05	14.38	17.77	20.03	26.75	32.95	39.55
m	max	3.2	4.7	5.2	6.8	8.4	10.8	14.8	18	21.5
	min	2.9	4.4	4.9	6.44	8.04	10.37	14.1	16.9	20.2
m'	min	2.3	3.5	3.9	5.1	6.4	8.3	11.3	13.5	16.2
m''	min	2	3.1	3.4	4.5	5.6	7.3	9.9	11.8	14.1
s	max	7	8	10	13	16	18	24	30	36
	min	6.78	7.78	9.78	12.73	15.73	17.73	23.67	29.16	35

注：A 级用于 $D \leqslant 16$ 的螺母，B 级用于 $D > 16$ 的螺母。

（五）垫圈

1. 平垫圈

附表 9　垫圈　　　　　　　　　　　　　mm

平垫圈—A 级　　　　　　　　平垫圈　倒角型—A 级
GB/T 97.1—2002　　　　　　　GB/T 97.2—2002

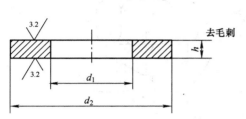
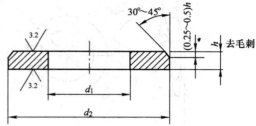

标记示例

标准系列、公称尺寸 $d=8$ mm、硬度等级为 200HV 级、不经表面处理的 A 级平垫圈：

垫圈 GB/T 97.1—8

标准系列、公称尺寸 $d=8$ mm、硬度等级为 20HV 级、倒角型、不经表面处理的 A 级倒角型平垫圈：

垫圈 GB/T 97.2—8

公称尺寸 （螺纹规格 d）	内径 d_1		内径 d_2		厚度 h		
	公称 （min）	max	公称 （min）	max	公称	max	min
5	5.3	5.48	10	9.64	1	1.1	0.9
6	6.4	6.62	12	11.57	1.6	1.8	1.4
8	8.4	8.62	16	15.57	1.6	1.9	1.4
10	10.5	10.77	20	19.48	2	2.2	1.8
12	13	13.27	24	23.48	2.5	2.7	2.3
14	15	15.27	28	27.49	2.5	2.7	2.3
16	17	17.27	30	29.48	3	3.3	2.7
20	21	21.33	37	36.38	3	3.3	2.7
24	25	25.33	44	43.38	4	4.3	3.7
30	31	31.39	56	55.26	4	4.3	3.7
36	37	37.62	66	64.8	5	5.6	4.4

2. 弹簧垫圈

附表 10　弹簧垫圈　　　　　　　　　　　　　　mm

标准型弹簧垫圈（GB/T 93—87）　　　　　轻型弹簧垫圈（GB/T 859—87）

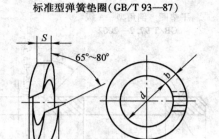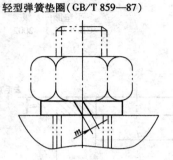

标记示例

规格 16 mm、材料为 65Mn、表面氧化的标准型弹簧垫圈：

垫圈 GB/T 93—87　16

规格 （螺纹大径）		3	4	5	6	8	10	12	(14)	16	(18)	20	(22)	24	(27)	30
d		3.1	4.1	5.1	6.1	8.1	10.2	12.2	14.2	16.2	18.2	20.2	22.5	24.5	27.5	30.5
H	GB/T 93—87	1.6	2.2	2.6	3.2	4.2	5.2	6.2	7.2	8.2	9	10	11	12	13.6	15
	GB/T 859—87	1.2	1.6	2.2	2.6	3.2	4	5	6	6.4	7.2	8	9	10	11	12
$S(b)$ （公称）	GB/T 93—87	0.8	1.1	1.3	1.6	2.1	2.6	3.1	3.6	4.1	4.5	5	5.5	6	6.8	7.5
S 公称	GB/T 859—87	0.6	0.8	1.1	1.3	1.6	2	2.5	3	3.2	3.6	4	4.5	5	5.5	6
$m \leqslant$	GB/T 93—87	0.4	0.55	0.65	0.8	1.05	1.3	1.55	1.8	2.05	2.25	2.5	2.75	3	3.4	3.75
	GB/T 859—87	0.3	0.4	0.55	0.65	0.8	1	1.25	1.5	1.6	1.8	2	2.25	2.5	2.75	3
b 公称	GB/T 859—87	1	1.2	1.5	2	2.5	3	3.5	4	4.5	5	5.5	6	7	8	9

三、标准公差和与基本偏差

附表 11　标准公差值（摘自 GB/T 1800.3—1998）

基本尺寸/mm		标准公差等级																		
		IT1	IT2	IT3	IT4	IT5	IT6	IT7	IT8	IT9	IT10	IT11	IT12	IT13	IT14	IT15	IT16	IT17	IT18
大于	至	μm											mm						
—	3	0.8	1.2	2	3	4	6	10	14	25	40	60	0.1	0.14	0.25	0.4	0.6	1	1.4
3	6	1	1.5	2.5	4	5	8	12	18	30	48	75	0.12	0.18	0.3	0.48	0.75	1.2	1.8
6	10	1	1.5	2.5	4	6	9	15	22	36	58	90	0.15	0.22	0.36	0.58	0.9	1.5	2.2
10	18	1.2	2	3	5	8	11	18	27	43	70	110	0.18	0.27	0.43	0.7	1.1	1.8	2.7
18	30	1.5	2.5	4	6	9	13	21	33	52	84	130	0.21	0.33	0.52	0.84	1.3	2.1	3.3
30	50	1.5	2.5	4	7	11	16	25	39	62	100	160	160	0.25	0.39	0.62	1	1.6	2.5
50	80	2	3	5	8	13	19	30	46	74	120	190	0.3	0.46	0.74	1.2	1.9	3	4.6
80	120	2.5	4	6	10	15	22	35	54	87	140	220	0.35	0.54	0.87	1.4	2.2	3.5	5.4
120	180	3.5	5	8	12	18	25	40	63	100	160	250	0.4	0.63	1	1.6	2.5	4	6.3
180	250	4.5	7	10	14	20	29	46	72	115	185	290	0.46	0.72	1.15	1.85	2.9	4.6	7.2
250	315	6	8	12	16	23	32	52	81	130	210	320	0.52	0.81	1.3	2.1	3.2	5.2	8.1
315	400	7	9	13	18	25	36	57	89	140	230	360	0.57	0.89	1.4	2.3	3.6	5.7	8.9
400	500	8	10	15	20	27	40	63	97	165	250	400	0.63	0.97	1.55	2.5	4	6.3	9.7
500	630	9	11	16	22	32	44	70	110	175	280	440	0.7	1.1	1.75	2.8	4.4	7	11

附表 12　基本尺寸至 500 mm 优先及常用途孔的极限偏差 μm

基本尺寸/mm		A	B		C	D				E	
大于	至	10	11	12	11 *	8	9 *	10	11	8	9
—	3	+320 / +270	+200 / +140	+240 / +140	+120 / +60	+34 / +20	+45 / +20	+60 / +20	+80 / +20	+28 / +14	+39 / +14
3	6	+345 / +270	215 + / +140	+260 / +140	+145 / +70	+48 / +30	+60 / +30	+78 / +30	+105 / +30	+28 / +20	+50 / +20
6	10	+370 / +250	+240 / +150	+300 / +150	+170 / +60	+62 / +40	+36 / +40	+98 / +40	+130 / +40	+47 / +25	+61 / +25
10	14	+400 / +250	+260 / +450	+330 / +150	+205 / +90	+77 / +50	+93 / +50	+102 / +80	+160 / +50	+59 / +32	+75 / +32
14	19										
18	24	+450 / +300	+290 / +160	+370 / +180	+240 / +110	+98 / +65	+117 / +65	+149 / +65	+195 / +65	+73 / +40	+92 / +40
24	30										
30	40	+470 / +310	+530 / +170	+430 / +170	+280 / +130	+119 / +80	+142 / +80	+180 / +80	+240 / +80	+80 / +50	+112 / +150
40	50	+450 / +320	+340 / +180	+480 / +150	+250 / +130						
50	65	+530 / +340	+380 / +390	+490 / +190	+330 / +140	+146 / +100	+170 / +100	+220 / +100	+390 / +100	+106 / +60	+134 / +60
65	80	+550 / +350	+390 / +200	+500 / +200	+340 / +150						
80	100	+600 / +380	+440 / +220	+570 / +220	+390 / +170	+174 / +120	+207 / +130	+260 / +120	+340 / +120	+126 / +72	+159 / +72
100	120	+630 / +410	+460 / +240	+590 / +240	+490 / +180						
120	140	+710 / +460	+510 / +260	+660 / +260	+450 / +200	+208 / +145	+245 / +145	+305 / +145	+395 / +145	+148 / +85	+185 / +85
140	160	+770 / +520	+530 / +280	+680 / +280	+460 / +210						
160	180	+850 / +580	+560 / +310	+710 / +310	+480 / +230						
180	200	+950 / +650	+630 / +340	+800 / +340	+530 / +240	+242 / +170	+285 / +170	+355 / +170	+460 / +170	+172 / +100	+215 / +100
200	224	+1040 / +340	+670 / +280	+840 / +380	+560 / +260						
225	250	+1110 / +820	+710 / +420	+880 / +420	+570 / +250						
250	180	+1240 / +920	+800 / +480	+1000 / +482	+620 / +320	+271 / +190	+320 / +100	400 + / 190 +	510 + / +190	+191 / +110	+240 / +110
280	315	+1370 / +1050	+840 / +540	+1080 / +540	+850 / +270						
315	355	+1540 / +1200	+560 / +600	+1170 / +600	+720 / +350	+298 / +210	+350 / +210	+440 / +210	+570 / +210	+214 / +125	+265 / +125
355	400	1710 + / +1350	+1040 / +680	+1250 / +680	+760 / +400						
400	450	+1900 / +1500	+1160 / +760	+1390 / +750	+810 / +440	+327 / +280	+385 / +230	+480 / +230	+630 / +230	+232 / 135	+290 / +135
450	500	+2050 / +1650	+1240 / +840	+1470 / +840	+880 / +480						

F 6	F 7	F 8 *	F 9	G 6	G 7 *	H 8 *	H 9 *	H 10	H 11 *	H 12		
+12 / +6	+16 / +6	+20 / +6	+31 / +6	+8 / +2	+12 / 2	+6 / 0	+10 / 0	+14 / 0	+25 / 0	+40 / 0	+60 / 0	+100 / 0
+18 / +10	+22 / +10	+28 / +10	+40 / +10	+12 / +4	+14 / +4	+8 / 0	+12 / 0	+18 / 0	+30 / 0	+48 / 0	+75 / 0	+120 / 0
+22 / +13	+28 / +13	+35 / +13	+49 / +13	+14 / +5	+20 / +5	+9 / 0	+15 / 0	+22 / 0	+36 / 0	+58 / 0	+90 / 0	+150 / 0
+27 / +16	+34 / +16	+43 / +16	+59 / +16	+17 / +6	+24 / +6	+11 / 0	+18 / 0	+27 / 0	+43 / 0	+70 / 0	+110 / 0	+180 / 0
+33 / +20	+41 / +20	+53 / +20	+72 / +20	+20 / +7	+28 / +7	+13 / 0	+21 / 0	+33 / 0	+52 / 0	+84 / 0	+130 / 0	+210 / 0
+41 / +25	+50 / +25	+64 / +25	+87 / +25	+25 / +9	+16 / 0	+25 / 0	+39 / 0	+62 / 0	+100 / 0	+150 / 0	+250 / 0	
+49 / +50	+60 / +30	+75 / +30	+104 / +30	+29 / +10	+40 / +10	+19 / 0	+30 / 0	+46 / 0	+74	+120 / 0	+190 / 0	+300 / 0
+58 / +36	+71 / +36	+90 / +36	+123 / +36	+34 / +12	+47 / +12	+22 / 0	+35 / 0	+54 / 0	+87 / 0	+140 / 0	+220 / 0	+350 / 0
+58 / +43	+83 / +43	+106 / +43	+143 / +43	+39 / +14	+54 / +14	+25 / 0	+40 / 0	+63 / 0	+100 / 0	+160 / 0	+250 / 0	+400 / 0
+79 / +50	+96 / +50	+122 / +50	+165 / 60	+44 / +15	+61 / +15	+29 / 0	+46 / 0	+72 / 0	+115 / 0	+185 / 0	+290 / 0	+460 / 0
+5580 / +056	+108 / +56	+137 / +56	+185 / +56	+185 / +56	+49 / +17	+69 / +17	+52 / 0	+62 / 0	+81 / 0	+130 / 0	+210 / 0	+320 / 0
+58 / +52	+119 / +62	+101 / +62	+202 / +62	+64 / +18	+75 / +18	+36 / 0	+57 / 0	+89 / 0	+140 / 0	+230 / 0	+360 / 0	+570 / 0
+108 / +68	+131 / +68	+165 / +68	+223 / +68	+60 / +20	+83 / +20	+40 / 0	+63 / 0	+97 / 0	+105 / 0	+250 / 0	+400 / 0	+630 / 0

续表

基本尺寸 mm		Js			K			M		
大于	至	6	7	8	6	7 *	8	6	7	8
—	3	±3	±5	±7	0 −6	0 −10	0 −14	−2 −8	−2 −12	−2 −16
3	6	±4	±6	±9	+2 −6	+3 −9	+5 −13	−1 −9	0 −12	+2 −16
6	10	±4.5	±7	±11	+2 −7	+5 −10	+6 −16	−3 −12	0 −15	+1 −21
10	14	±5.5	±9	±13	+2 −9	+6 −12	+8 −19	−4 −15	0 −18	+2 −25
14	18									
15	24	±6.5	±10	±16	+2 −11	+6 −15	+10 −23	−4 −17	0 −21	+4 −29
24	30									
30	40	±8	±12	±19	+3 −13	+7 −18	+12 −27	−4 −20	0 −25	+5 −34
40	50									
50	65	±9.5	±13	±23	+4 −15	+9 −21	+14 −32	−5 −24	0 −30	+5 −41
65	80									
80	100	±11	±17	±27	+4 −18	+10 −25	+16 −36	−6 −28	0 −35	+6 −48
100	120									
120	140	±12.5	±20	±31	+4 −21	+12 −28	+20 −43	−8 −33	0 −40	+8 −55
140	160									
160	180									
180	200	±14.5	±21	±36	+6 −34	+13 −33	+22 −50	−8 −37	0 −45	+9 −63
220	225									
225	250									
250	280	±16	±26	±40	+5 −27	+16 −36	+25 −56	−9 −41	0 −52	+9 −72
280	345									
315	355	±18	±23	±44	+7 −29	+17 −40	+28 −61	−10 −46	0 −57	+11 −78
355	400									
400	450	±20	±31	±48	+8 −32	+18 −46	+29 −68	−10 −50	0 −63	+11 −86
450	500									

N			P		R		S		T		U
6	7 *	8	6	7 *	6	7	6	7 *	6	7	7 *
−4	−4	−7	−6	−6	−10	−14	−14	−14	—	—	−18
−10	−14	−18	−12	−16	−16	−20	−30	−24			−28
−5	−4	−2	−2	−9	−8	−12	−11	−16	—	—	−19
−13	−16	−20	−20	−17	−80	−20	−23	−24			−31
−7	−4	−3	−12	−9	−16	−18	−20	−17	—	—	−22
−17	−19	−23	−21	−24	−25	−28	−29	−32			−27
−9	−5	−2	−85	−11	−80	−16	−25	−21	—	—	−26
−20	−23	−33	−26	−29	−81	−34	−35	−39			−44
									—	—	−33
−11	−7	−8	−18	−14	−24	−20	−31	−27			−54
−24	−28	−35	−31	−35	−37	−41	−44	−48	−37	−53	−40
									−50	−54	−61
					−56	−30	−47	−42	−60	−55	−76
−14	−9	−4	−26	−21	−54	−60	−65	−72	−79	−85	−106
−33	−39	−50	−45	−51	−37	−32	−53	−48	−69	−64	−91
					−56	−62	−72	−78	−88	−94	−121
					−44	−38	−64	−58	−84	−78	−111
−16	−10	−4	−30	−24	−56	−73	−85	−93	−105	−113	−146
−38	−45	−58	−52	−59	−47	−41	−72	−66	−97	−91	−131
					−69	−76	−94	−101	−119	−126	−166
					−56	−48	−85	−77	−115	−107	−155
					−81	−88	−110	−117	−140	−147	−195
−20	−12	−4	−36	−28	−58	−50	−93	−85	−127	−119	−175
−45	−52	−67	−61	−68	−83	−90	−113	−125	−152	−159	−215
					−61	−53	−101	−93	−139	−131	−195
					−86	−93	−126	−133	−164	−171	−235
					−68	−60	−113	−105	−157	−149	−219
					−97	−106	−142	−151	−185	−136	−265
−22	−14	−5	−44	−33	−71	−63	−121	−113	−171	−163	−241
−51	−60	−77	−70	−79	−100	−109	−150	−150	−200	−209	−287
					−75	−67	−131	−123	−187	−179	−267
					−104	−113	−160	−169	−216	−225	−313
−25	−14	−5	−47	−36	−85	−74	−149	−138	−209	−198	−295
−57	−66	−68	−79	−36	−117	−126	−181	−190	−241	−250	−347
					−89	−78	−161	−150	−231	−230	−330
					−121	−130	−193	−202	−263	−272	−382
−26	−16	−5	−51	−41	−97	−87	−179	−169	−257	−247	−369
−62	−73	−94	−87	−95	−133	−141	−215	−226	−293	−304	−426
					−103	−63	−197	−137	−283	−273	−414
					−139	−150	−233	−244	−319	−330	−471
−27	−17	−6	−55	−45	−113	−108	−219	−209	−317	−1307	−467
−67	−80	−103	−96	−105	−153	−166	−259	−272	−357	−370	−530
					−119	−109	−239	−229	−347	−337	−517
					−159	−172	−279	−292	−387	−400	−580

附表 13　轴的基本偏差数值(摘自 GB/T 1800.3—1998)　　　　μm

基本尺寸 mm		上偏差 es 所有标准公差等级												基本偏			
大于	至	a	b	C	Cd	d	e	ef	f	ig	g	h	js	IT5和IT6 j	IT7 j	IT8	IT4至IT7
—	3	−270	−140	−60	−34	−20	−14	−10	−6	−4	−2	0	偏差 $=\pm\frac{ITn-1}{2}$，式中 ITn 是 IT 值数	−2	−4	6−	0
3	4	−270	−140	−70	−46	−30	−25	−14	−10	−6	−4	0		−2	−4		+1
6	10	−280	−150	−80	−56	−40	−25	−18	−13	−8	−5	0		−2	−5		+1
10	14	−280	−150	−95		−50	−32		−16		−6	0		−3	−6		+1
14	18																
18	24	300	−150	−110		−65	−40		−20		−7	0		−4	−8		+2
24	30																
30	40	−310	−170	−120		−80	−50		−25		−9	0		−5	−10		+2
40	50	−320	−180	−130													
50	65	−340	−190	−140		−100	−60		−30		−10	0		−7	−12		+2
65	80	−360	−300	−150													
80	100	−360	−220	−170		−120	72		−36		−12	0		−9	−15		+3
100	120	−410	−210	−180													
120	140	−460	−250	−200		−145	−85		−43		−14	0		−11	−18		+3
140	160	−580	−280	−210													
160	180	−580	−310	−230													
180	200	−650	−340	−340		170	−100		−50		−15	0		−13	−21		+4
200	225	−740	−380	−260													
225	250	−820	−420	−380													
250	250	−920	−480	−300		−150	−110		−56		−17	0		−16	−26		+4
280	315	−1060	−540	−330													
315	335	−1200	−600	−360		−210	−125		−52		−18	0		−18	−28		+4
355	400	−1350	−680	−800													
400	450	−1500	−760	−440		−230	−135		−68		−20	0		−20	−52		+5
450	500	−1660	−840	−480													
500	560					−240	−145		−34		−32	0					0
560	630																
630	710					−290	−160		−80		−24	0					0
710	800																
800	900					−320	−170		−85		−25	0					0
900	1000																
1000	1120					−350	−195		−98		−28	0					0
1129	1250																
1250	1400					−390	−220		−110		−50	0					0
1400	1600																
1600	1800					−410	−240		−120		−32	0					0
1800	2000																
2000	2240					−430	−260		−130		−34	0					0
2240	2500																
2500	1280					−520	−220		−145		−38	0					0
2800	3150																

差数值

	下偏差 ni													
≤WT3 ≥WT7	所有标准公差等级													
k	m	n	p	r	s	t	u	V	x	y	2	zn	zb	mc
0	+2	+4	+5	+10	+14		+18		+20		+25	+32	+40	+60
0	+4	+8	+12	+15	+19		+23		+28		+35	+42	+50	+80
0	+6	+10	+15	+19	+23		+28		+34		+42	+52	+67	+97
0	+7	+12	+18	+23	+28		+33		+40		+50	+64	+90	+130
							+39	+45			+60	+77	+108	+150
0	+8	+15	+22	+26	+35		+41	+47	+54	+63	+73	+78	+135	+188
						+41	+48	+55	+64	+75	+88	+118	+160	+218
0	+9	+17	+26	+34	+43	+48	+60	+68	+80	+94	+112	+148	+200	+274
						+54	+70	+81	+97	+114	+136	+180	+242	+325
0	+11	+20	+32	+41	+53	+65	+87	+102	+122	+144	+172	+225	+300	+405
				+43	+59	+75	+102	+120	+146	+174	+210	+274	+360	+480
0	+13	+23	+37	+51	+71	+91	+124	+146	+178	+214	+258	+335	445	+585
				+54	+79	+104	+144	+172	+210	+254	+310	+400	+525	+690
0	+15	+27	+43	+65	+92	+122	+170	+202	+248	+300	+365	+470	+620	+800
				+65	+100	+134	+150	+228	+280	+340	+415	+535	+700	+900
				+68	+108	+145	+210	+252	+310	+380	+465	+600	+780	+1000
0	+17	+31	+50	+77	+122	+165	+235	+281	350	+425	+520	+670	+880	+1150
				+80	+130	+180	+258	+310	+385	+470	+575	+740	+360	+1250
				+d850	+140	+195	+284	+340	+425	+520	+640	+320	+320	+1050
0	+20	+34	+56	+94	+158	+218	+315	+385	+475	+580	+710	+920	+1200	+1550
				+98	+170	+240	+350	+425	+525	+650	+790	+1000	+1300	+1700
0	+21	+37	+62	+108	+190	+268	+390	+475	+590	+730	+900	+1150	+1500	+1900
				+114	+208	+294	+435	+530	+680	+820	+1000	+1300	+1650	+2100
0	+23	+40	+68	+126	+232	+330	+450	+595	+740	+920	+1100	+1450	+1850	+2400
				+132	+252	+260	+540	+660	+320	+1000	+1250	+1600	+2100	+2600
0	+26	+44	+78	+150	+280	+400	+600							
				+155	+310	+450	+660							
0	+30	+50	+88	+175	+340	+500	+740							
				+185	+380	+560	+840							
0	+34	+56	+100	+210	+430	+620	+940							
				+320	+470	+680	+1050							
0	+40	+66	+120	+250	+520	+780	+1150							
				+260	+580	840	+1200							
0	+48	+78	+140	+300	+640	+960	+1450							
				+330	+720	1050	+1600							
0	+58	+92	+170	+370	+820	+1200	+1850							
				+400	+920	+1350	+2000							
0	+68	+110	+195	+440	+1000	+1500	+2300							
				+460	+1100	+1650	+2500							
0	+75	+135	+240	+550	+1250	+1900	+2900							
				+580	+1400	+2100	+3200							

四、AutoCAD 工程制图规则

（一）基本设置要求

1. 字体与图纸幅面之间的大小关系

附表 14　字体与图纸幅面之间的大小关系（摘自 GB/T 18229—2000）　　mm

字体 ＼ 图幅	A0	A1	A2	A3	A4
字母数字			3.5		
汉　字			5		

2. 字体的最小字词（距）行距以及间隔线或基准线与书写字体之间的最小距离

附表 15　字体的最小字词（距）行距以及间隔线或基准线与书写字体之间的最小距离
（摘自 GB/T 18229—2000）　　mm

字　　体		最　小　距　离
汉　字	字距	1.5
	行距	2
	间隔线或基准线与汉字的间距	1
拉丁字母、阿拉伯数字、希腊字母、罗马数字	字符	0.5
	词距	1.5
	行距	1
	间隔线或基准线与字母、数字的间距	1

注：当汉字与字母、数字混合使用时，字体的最小字距、行距等应根据汉字的规定使用。

3. 字体选用范围

附表 16　字体选用范围（摘自 GB/T 18229—2000）　　mm

汉字字型	国家标准号	字体文件名	应用范围
长仿宋体	GB/T 13362.4 ~ 13362.5—1992	HZCF. *	图中标注及说明的汉字、标题栏、明细栏等
单线宋体	GB/T 13844—1992	HZDX. *	大标题、小标题、图册封面、目录清单、标题栏中设计单位名称、图样名称、工程名称、地形图等
宋体	GB/T 13845—1992	HZST. *	
仿宋体	GB/T 13846—1992	HZFS. *	
楷体	GB/T 13847—1992	HZKT. *	
黑体	GB/T 13848—1992	HZHT. *	

4. 基本图线的颜色

附表 17　基本图线的颜色（摘自 GB/T 18229—2000）

图线类型		屏幕上的颜色
粗实线	——————	白色
细实线	——————	绿色
波浪线	～～～～	绿色
双折线	—／\／\—	绿色
虚线	— — — — —	黄色
细点画线	— · — · —	红色
粗点画线	— · — · —	棕色
双点画线	— ·· — ·· —	粉红色

（二）图层管理

附表 18　图层管理（摘自 GB/T 18229—2000）

层　号	描　　述	图　例
01	粗实线 剖切面的粗剖切线	——————
02	细实线 细波浪线 细折断线	～～～
03	粗虚线	— — — — —
04	细虚线	— — — — —
05	细点画线 剖切面的剖切线	— · — · —
06	粗点画线	
07	细双点画线	— ·· — ·· —
08	尺寸线,投影连线,尺寸终端与符号细实线	←——————→
09	参考题,包括引出线和终端(如箭头)	○—→
10	剖面符号	/////////
11	文本,细实线	ABCD
12	尺寸值和公差	432±1
13	文本,粗实线	KLMN
14,15,16	用户选用	

参 考 文 献

[1] 童新生. 实用电子工程制图[M]. 北京:高等教育出版社,2008.

[2] 王菁. AutoCAD 2010电气设计绘图基础与范例精通. 北京:科学出版社,2010.

[3] 张海鹏. AutoCAD机械绘图项目教程[M]. 北京:北京大学出版社,2010.

[4] 刘力. 机械制图[M],第3版. 北京:高等教育出版社,2008.

[5] 郑芙蓉. 电子工程制图[M]. 西安:西安电子工程大学出版社,2008.

[6] 郑仲桥. 电装制图[M]. 南京:东南大学出版社,2008.

[7] 曾令宜. 机械制图与计算机绘图[M]. 北京:人民邮电出版社,2008.

[8] 许纪倩. 机械工人速成识图[M],第2版. 北京:机械工业出版社,2002.

[9] 华中理工大学工程图学及计算机图学教研室. 机械制图(电子、应用理科类等专业用)(修订版)[M],
第2版. 武汉:华中理工大学出版社,1989.

[10] 全国电气文件编制和图形符号标准化技术委员会. 电气简图用图形符号标准汇编[M]. 北京:中国
电力出版社,中国标准出版社,2001.

[11] 全国电气文件编制和图形符号标准化技术委员会. 电气制图及相关标准汇编[M]. 北京:中国电力
出版社,中国标准出版社,2001.

[12] 张宪、张大鹏. 电气制图与识图[M]. 北京:化学工业出版社,2009.

[14] 何利民、尹全英. 电气制图与读图[M]. 北京:机械工业出版社,2003.

[15] 王晋生. 新标准电气制图(电气信息结构文件编制)[M]. 北京:中国电力出版社,2003.